低调的力量

DIDIAO
DELILIANG

程 然 编著

中国社会出版社
国家一级出版社★全国百佳图书出版单位

图书在版编目（CIP）数据

低调的力量／程然编著．—北京：中国社会出版社，2013.10

ISBN 978－7－5087－4518－3

Ⅰ．①低…　Ⅱ．①程…　Ⅲ．①人生哲学—通俗读物　Ⅳ．①B821－49

中国版本图书馆CIP数据核字（2013）第198484号

书　　名：低调的力量
编　　著：程　然
责任编辑：魏光洁

出版发行：中国社会出版社　**邮政编码：**100032
通联方法：北京市西城区二龙路甲33号新龙大厦
电　话：编辑部：（010）66026807　（010）66061723
邮购部：（010）66081078
销售部：（010）66080300　（010）66085300
（010）66083600
传　真：（010）66051713　（010）66080880
网　　址：www.shcbs.com.cn
经　　销：各地新华书店

印刷装订：中国电影出版社印刷厂
开　　本：170mm×240mm　1/16
印　　张：14.25
字　　数：180千字
版　　次：2013年10月第1版
印　　次：2013年10月第1次印刷
定　　价：30.00元

CONTENTS 目录

第六章 放低姿态，谦逊赢得好人缘

第七章 放低身段去生活，知足者常乐

第八章 把姿态放低，巧妙地达到自己的目的

第九章 人在江湖，放低身段才能进步

第十章 低下头来不是示弱，是韬光养晦

前言
FOREWORD

在崇尚放飞个性、张扬才华的今天，人们普遍都喜欢争强好胜、争雄称霸，唯恐自己落在别人后面，低调的能量往往被大多数人忽视了。

实际上，不管你本人实力有多么强劲，只要表现得太过张扬了，往往会成为众人觊觎的主要目标，只会影响自己的发展壮大！在天时、地利、人和等各种条件都不具备的时候，如果一味地争强好胜，很可能不仅不会成功，还可能拼掉本来就不多的资本。“君子藏器于身，待时而动”。也就是说，成大事者有才能、有本事但不会轻易显露，而是要等待时机，一发命中。

放低身段并不是真的放下，而是一种欲“扬”实“抑”的策略，如果你能在取得显著成绩时，依然能够放平心态，看到别人的长处，承认自己的不足并不断改进，你就能够为自己积蓄更多的能量，得到更大的发展。

越是功成名就的人，身段放得就越低。这种低调的处世方式，并不像表面上看起来的那样麻木迟钝。事实上，它是一种通彻世事之后的沉着与通达，将内敛退让的人生智慧发挥得淋漓尽致，对自己的事业发展更为有利的同时还能够保命安身，得以善终，这又何乐而不为呢？

能看低自己的人总是很知足，对获得的成就珍惜有加。放低你的身段，不是鄙视自己，也不是自卑，而是自己清醒中的一种经营。

第一章 放低身段是人生的大智慧

◎大度才能做大事◎

有句话说“人生如战场”，但人生毕竟不是战场。战场上，“实力”决定一切，包括输赢，而人生赛场不一定如此，除了能力、学识、人脉等“硬性”的要求之外，“个人魅力”也占了很大的比重，要有兼收并蓄、海纳百川的大气，虚怀若谷，没有容人之量，就难以让别人为自己所用，更难以让人尽其所用。

富弼是北宋著名政治家，在重用文人的宋朝，政治明星辈出，人才济济，如范仲淹、司马光、欧阳修、王安石等，和他们相比，大器晚成的富弼既无文坛上的威望，科举考试也一再受挫，然而，他却深得这些大人物的赏识，为相7年，被列为宋仁宗时期的“四真”之首——真宰相。

富弼能成就大事的一大性格特点，就是“大度”，据说，他年轻时走在洛阳大街上，有人在背后指着他骂，旁边有人告诉他：“有人在背后骂你呢。”富弼继续走他的路，头也不回地道：“他肯定是骂别人吧。”那个人说：“不会，人家说了，骂的就是富弼。”富弼还是不加搭理：“可能有人正跟我同名同姓，他肯定是在骂别人。”这话传出去，骂他的人反而十分惭愧，后来专门给他道歉。

人人都说，“宰相肚里能撑船”，确实，要有做大事的心胸，就得有容忍小事的气魄，如果因一些小事情而冤冤相报，是很不值得的。试想想，如果有人骂他一句，富弼也回敬一句，这样唇枪舌剑地“礼尚往来”，那样肯定会两败俱伤。既浪费精力又伤和气，富弼哪来的精力和心思在仕途上进步呢？不如以平常心来处了，用宽容大度的心去说服对方、感化对方，那样反而能赢得对手与众人的尊重。何乐而不为呢？

富弼当了宰相后，更将“大度”发挥到了极致，本来自唐朝以来，官员向宰相行礼，宰相可不用还礼，来人告辞时，简单送客即可，然而到了富弼做宰相，不管前来拜访他的人是谁，他都平等对待，客气有加，客人走时，亲自送到门口，看到客人上马，才回来。自此众官员纷纷学习富弼。富弼就是靠着他的才华和肚量，在宰相的位子上坐得四平八稳。

什么是大度？就是大气、大量，有大气魄，就是面对不同的情境和挫折，都一笑视之，等闲看待。量大好做事，树大好遮荫，事业的成功，只靠学识和机遇是远远不够的，如果我们在现实生活中，见到某个人虽然才华有限，却胸襟开阔，凡事为他人考虑，从大局出发，宽以待人，能博采众长，即使他本事平平，也能成事。反之，如果一个人心胸狭窄、患得患失、小肚鸡肠，即使他本事再高，成就也定然有限。

“大人有大量”不是说出来的，而是做出来的，人的一生常常会碰到个人的利益受到他人或有意或无意的伤害，这个时候强忍着退一步，心理上是要付出代价的，然而，要有办大事的气魄，就一定要有容人小过的气量，在这个时候，管一管自己的嘴，控制自己的大脑，如果再能找出一条平衡自己心理的理由，以“做大事”的信念说服自己，就能产生出宽容和大度来。

楚庄王在一次战争胜利之后，大宴群臣，自称：“我已数年没有饮酒，今日与诸位痛饮，不醉无归。”在楚庄王的带头下，一群文臣武将放开豪饮，饮到兴处，庄王让自己最宠爱的妃子许姬出来为大家斟酒，正在酒酣耳热之际，忽来一阵大风，吹灭了宴会上的蜡烛，这时，有人趁天黑之际拉住了许姬的袖子。许姬大怒，顺手把他的帽缨扯了下来。她把帽缨交给了庄王，告诉了她被人调戏的事。建议马上点亮蜡烛，把那个人给找出来。

在男女授受不亲的时代，女人被当众拉扯是很丢面子的事情，尤其是发生在尊贵的王妃身上，这简直是“冒天下之大不韪”。然而，庄王出乎意料地并未大怒，而是突然下令：“且慢点蜡烛，今晚大家痛饮，一醉方休，请把帽缨摘下来!”群臣不解，但无人敢问，纷纷摘下帽缨。这样，一直到酒终人散，庄王和许姬也不知道是谁犯下这弥天大罪。

庄王对许姬这样解释：“武将们是一群粗人，发了酒兴，如果查出来治罪那就都弄没趣了。”而事实上，楚庄王自然清楚，那位武将是可用之才，与其杀之，不如用之。他的宽容很快得到了回报，那位调戏许姬的人在战争中五次杀退敌人的进攻，救了楚庄王的性命，他谢绝楚庄王的奖赏，并主动向楚庄王坦白罪过，要求楚庄王将功抵罪。

胸怀大度，并不是一时的兴起，而是智慧、人格、情操结合的产物，不是毫无原则的一味宽容，越有“包容”精神，所得人心就越多。楚庄王的“大度”不仅保住了那位越轨将军的性命，还笼络了他的感情，得到了他的倾力辅佐，更重要的是，让群臣们都见识了楚庄王的心胸和气魄，人人都乐于为他所用，于是，楚庄王成了春秋时楚国最有作为的国君，称霸中原，威名远扬。

宽容也是一种力量，山不炫耀自己的高度，并不影响它高耸云际；海不显摆自己的深度，并不影响它容纳百川；地不弘扬自己的厚度，但没有谁能取代它作为万物的地位。俗语说“最大的敌人是自己”，只有突破自我的狭隘天地，才有可能取得更大的成功。放低身段，有容乃大，无论在官场、商场还是日常生活中都是一种看似平淡、实则高深的处世谋略。要想成就一番事业，必须放低身段，善于求同存异，虚心听取各种不同的意见和建议。以宽容对待狭隘，以礼貌谦恭对待冷嘲热讽，这是成大事者理应具备的素质。

◎藏拙守愚，最佳的自我保护之道◎

如今的社会，很多或有才或无才的年轻人，什么事都喜欢“秀”一把，好让自己吸引别人的注意，得到升迁的机会，却忽略了“藏拙”的重要作用。虽然说聪明是好的，但是卖弄自己的聪明却并不算是一种聪明的行为。

“藏拙守愚”是中国人非常看重的处世哲学，不管你有多聪明，多智慧，也不要表现出来，而要谦虚谨慎，不张扬，不流露，甚至给人以“愚”的形象，就是所谓“大智若愚”了。当然，你不能是啥也不懂的真傻，只是要学会装“傻”，看起来糊涂，实则聪明。要明白，糊涂胜精明。这是最佳的自我保护之道。

三国时的刘备，是当时少见的英雄人物，然而，他的发家经历十分艰难，在很长的一段时间里，他都在东奔西逃地投靠这个，投靠那个，没有自己的容身之所。然而，不管他做谁的手下，却始终不甘寄人篱下，始终图谋东山再起。只是他把自己的心思深深地隐藏起来，绝不显露。

刘备曾经做过曹操的下属，曹操的精明与厉害刘备心知肚明，于是，他时时刻刻防备曹操谋害，为了消除曹操的疑心，他开辟了个菜园，就在住处后院种菜，亲自浇灌，让曹操认为自己胸无大志。他的义弟关羽、张飞对此不解，问道："兄长你不留心天下大事，却整天忙着挑水种菜，为什么呢?"刘备说："这不是二位兄弟所知道的。"两人也就不再多言了。

然而，曹操对刘备终究放心不下，有一天，派人请刘备到府中赴宴，刘备不知曹操用意，心里忐忑不安。酒到半酣，曹操借着酒兴，问刘备："你的阅历非常丰富，一定非常了解当世的英雄，说来给我听听。"刘备自然知道这是曹操借机探问自己的志向，他装作不知，历数了袁术、袁绍、刘表、孙坚、刘璋、张鲁、张绣等人，按照当时人的一般观点，这些人拥兵自重，盘踞一方，确实可称之为一时之英雄。

不料，曹操摇头大笑，认为这些都是碌碌无为之辈。刘备继续装糊涂，说实在不知道了。曹操突然道："当今天下英雄，只有你和我曹操了。"刘备陡然一惊，正好窗外雷声大作，刘备借机自己怕听雷声，把自己闻言失态轻轻掩饰而过，经此之后，曹操也就不再怀疑刘备胸有大志了。

人在社会上打拼，没有一点雄心壮志当然是不行的。但是，人的野心和豪情一定要和自己的实力相匹配。在天时、地利、人和等各种条件都不具备的时候，如果一味地争强好胜，很可能不仅不会成功，还可能拼掉本来就不多的资本。所以，认清自己的分量，待时而动是很重要的。如果刘备在和曹操相处之时，不是一而再、再而三地收敛锋芒，藏拙守愚的话，可能也不会有他的江山了，早已成了曹操的刀下鬼了。

所以，"君子藏器于身，待时而动。"这句话的意思是说，成大事者有才能，有本事但不会轻易使用，而是要等待时机，一发命中。老子就是个"大智若愚"的高手，实际上他也是官场中人，他做过周朝的守藏室之史，他明白这个道理，所以他说："俗人昭昭，我独昏昏；俗人察察，我独闷闷。众人皆有以，而我独顽且鄙。我独异于人，而贵食母。”这种“昏昏”、“闷闷”不就是装糊涂的状态吗？这种人遇事不自作聪明，大发议论，即使心里什么都清楚，却会装作一副什么都不知道的样子。他们凡事不太张扬，不锋芒毕露，不管处在什么样的环境中都能够左右逢源，糊涂使得做人有人缘，做事有机缘，活得随心所欲，游刃有余。因此，那些看上去“稀里糊涂”的人往往可以成为最后的大赢家。

懂得装糊涂的人都不会是真糊涂，一个人过于显露出自己高于一般人的才智，往往会对自己不利，甚至招来外力的攻击。藏拙守愚的目的不是“一笨到底”，目的在于麻痹对手，不引起他的注意，是一种暂时性策略。

让我们再来看看三国中另外一个聪明人——杨修的故事。杨修的聪明，小时候就显山露水，在当地小有名气了。就是因为杨修小时候太聪明了，他一直为此扬扬自得，从来没有觉得自己应该适时藏拙，保护好自己，就没有学会藏拙和自保的能力。长此以往，杨修就落下一个坏毛病——不分场合，不管对象，抓住机会就要显摆自己的高人一等。

杨修也是在曹操手下当差，某一次，曹操建造花园时，工匠们请曹操审阅花园工程的设计图纸，曹操看了看，提起笔来在园门上写了一个活字。工匠们不解其意，听说杨修是聪明人，都跑去问他。杨修说：“丞相嫌园门设计得太大了，改小即可。”于是工匠们按他的提示修改了方案。曹操见了新园门，心里很高兴，但是得知是杨修指点的，心里就不怎么乐意了，哪个上司也不希望下属比自己还聪明啊。

类似这样的事情又发生了好几回，曹操都忍住了。后来，曹操平汉中时，连吃败仗，进退两难。有一日，士兵请问夜间口令，曹操随口答“鸡肋!”杨修听到了，马上让随行军士收拾行装，准备归程，并向人解释说，"'鸡肋'食之无味，弃之可惜，魏王就要班师了。"曹操早就嫉恨杨修的才华了，见他这次又猜中了自己的心事，于是以"扰乱军心"之罪将他杀了。

杨修的顶头上司——曹老板是一代枭雄，对谋略了然于胸，在他手下当差，仅凭一般的小聪明当然没法混日子，但太聪明了也难混日子，恰似与虎谋皮。社会复杂，人心险恶，很难保障一个有才华的人能够在生存竞争中得到先机。现实中，人们都对那些处世精明，聪明绝顶的人怀有戒心，敬而远之，反而看上去晕晕乎乎的老实人往往更受大家欢迎。所以，不管你学识是否过人，才华是否出众，明智的做法还是放下身段，收敛起你的锋芒，掩饰起你的才华吧。这样，才能最大限度地保护自己，从而发展自己。

◎唯不争，故天下莫能与之争◎

"不争"与"争"是老子经常提到的一个命题，"天之道，利而不害。圣人之道，为而不争"。"是以圣人处上而民不重，处前而民不害。是以天下乐推而不厌。以其不争，故天下莫能与之争。"《道德经》全书八十一章，有七章八处谈到"不争"，可见其地位。老子"不争"的人生智慧熠熠生辉，"不争"是老子处世之道中非常高明的一招。

"不争"的高明在哪里？"和谁都不争"当然是一种人生的至高境界，但是像名、利、权等"身外之物"，如果"不争"，是绝对不会自动送到你手里来的。老子说的"不争"可不是真的放弃，临阵脱逃，让得一干二净，而是一种以退为进、"曲线救国"的方法。如果面对那些“不是鱼死就是网破”的“争”者，我们完全可以放弃，放弃不是退缩，放弃也可能是最好的得到。想想“鹬蚌相争、渔翁得利”的故事，谁也不让谁，争得头破血流，最后两败俱伤，让别人捡到便宜，这就是争的坏处。正确的做法应该是像老子一样，放低身段，“不争而善胜”。

庄子有一个关于“呆若木鸡”的典故。纪先生替齐王养鸡，要训练好去参加比赛的斗鸡。足足养了一个多月，原本目光犀利、盛气凌人的斗鸡，被他养得好似木头做的鸡。别看它们外表愚笨，实际上不是真呆，只是锋芒内敛，看着呆，其实可以斗，可以应战，可以吓退群鸡。貌似木头的斗鸡根本不必出击，就令其他的斗鸡望风而逃。可见，斗鸡的最高境界是“呆若木鸡”，也就是“不争之争”。

宋朝有一个类似的故事。宋太祖赵匡胤建立北宋王朝后，江南的南唐政权仍与北宋对抗，徐铉是南唐的一个重要人物，学识渊博，能言善辩。有一次，南唐派他来北宋朝贡，北宋宰相想选派一名“押伴使”来陪同徐铉，结果挑来挑去，就是找不到合适的人选，因为北宋群臣，人人都知道徐铉善辩，生恐自己不是他的对手，丢面子事小，还让朝廷脸上无光，这个难题丢给了宋太祖，宋太祖经过考虑，别出心裁地从10名不识字的侍卫兵中选了一个去陪同徐铉。

徐铉也不明白这位“押伴使”的底细，他充分发挥了自己的优势，词锋锐利，妙语连珠；但不管他说什么，这位“押伴使”好像完全听不懂的样子，对他的话始终不置可否。徐铉摸不着头脑，还以为对方功底太深，不屑于和他交谈，于是，他搜肠刮肚，一个劲儿地与对方高谈阔论，而对方仍不予回答。几天过去了，徐铉累了，干脆闭上嘴，不再说些什么了，心里却不由得佩服这位“押伴使”的高深莫测。宋太祖的这一高招，是一种以愚者战胜智者的竞争艺术。不争而制胜，和

“呆若木鸡”有异曲同工之妙，正是老子的“不争之德”的精义所在。

老子说，“夫惟不争，故无尤”，正因为不争，所以不会给自己招来麻烦，也少了很多烦恼，不过，“不争”主要是指一种超脱的心态，就是说，世人所追求的很多身外之物，并非生命的根本价值，顺其自然即可。别人争不过你，就因为什么东西都不能改变你的心态，改变你的生命追求。你不会因小成小得而湮没了自己，也不因小小的挫折而改变志向。只有“无执”才能“无失”。所以，“不争”所得到的效果，其实远远大于你去“争”。

唐朝大将郭子仪是经过考试录取的“科班”出身，历任军职，有大功于社稷，如果没有郭子仪平定安史之乱，天下早就被安禄山所得。肃宗对他极为倚重，曾亲自劳军灞上，并且对他说：“国家再造，卿力也。”

虽说如此，但郭子仪反而愈加谨慎，愈加谦虚，肃宗死后，当时和郭子仪并肩作战的唐代宗李豫继位。代宗听信谗言，认为郭子仪功劳太高，难以控制，罢免了郭子仪的一切兵权职务，只派他为监督修造肃宗坟墓的山陵使而已。郭子仪一看形势不对，马上把肃宗当时所赐给他的诏书敕命千余篇，统统都缴还上去，以示自己别无二心，才使代宗有所感悟，心生惭愧，下诏书给他道歉。

没过多久，叛将作乱，直逼京城，代宗也同他的祖父唐明皇一样，离京避难到陕州。不得已，又匆匆忙忙拜郭子仪为关内副元帅，坐镇咸阳。这个时候，郭子仪罢官回京，几乎是个“光杆司令”。然而，他一接到诏命，马上出发，一路南下，收集残兵败将，加以整编。后来总算碰到旧日的部将张知节来迎接他，才在洛南扩大阅兵，屯于商丘，军威大震，再次收复两京。

郭子仪的立身处世，真正做到“用之则行，舍之则藏”，朝廷需要他时，一接到命令，不顾周围兵微将寡。等到朝廷怀疑他时，也是毫不犹豫，打起包袱就回老家，所以屡黜屡起，却安然无恙。“权倾天下而朝不忌，功盖一代而主不疑”，无怪其生前享有令名，死后成为历史上“富贵寿考”四字俱全的极少数名臣之一。

“不与人争”不是心如死灰，对事物加以躲避和退缩，而是对自身能力及素养的自信与自尊，将个人的荣辱得失置之度外的远见卓识。“不争”的人，不会人为地造作或故作深沉以掩饰自身的无能与脆弱，而是豁达睿智，表现出一种经风历雨之后的旷达与理智。看看历史上的那些居功自傲者，功高震主者，恃强欺人者，很少会有好下场，而消光同尘，明哲保身，急流勇退的智者，往往能保全其身，得享大名。无私反而成就其私，这就是不争的核心。

◎有所不为，方能有所为◎

生活中，每一个人的时间和精力都是有限的，你不可能什么都想做，什么都要做到最好，要想得到什么，就一定要放弃某些东西，这就是“舍”与“得”之间的取舍问题。经常有这种人，往往很有“雄心壮志”，既想在这个方面努力，又想在那个方面有所成就，每天都像个陀螺一样转个不停，却常常忙不出什么成果。原因何在？在于不懂得“有所为，有所不为”的道理。不懂得舍弃某些东西，什么都想要，结果，什么都没有得到。小到日常生活，大到管理企业，都是如此。

人的一生会有几个20年？若一味不加节制地事事都为，那么你的人生也会因此而荒废掉。不为不是什么也不做，而是不做那些愚蠢的、无效的、无意义的、目标之外的事情。对某些事情的“无为”正是为之后的可有为，人在每一个生命阶段，都会有要为有不可为的事情，最重要的是分清轻重缓急。就是说要放弃做某些事的机会，保留精力，才更有可能把其他的事情做好。

追逐利益是商人的本性，但万科股份有限公司董事长王石却是一个难得的懂得放弃的商人。1986 年，万科开始股份制改造，发行了 4100 万股，然而，王石在与家人商量后，却放弃了自己应得的股份。外界纷纷对此行为质疑，他笑着对太太解释：“别墅会有的，太早住进去会不得安宁。”据称，今天万科的股票已经增值 800 倍，如果王石当初不放弃的话，很有可能已经是中国首富了。有人问王石是否感到后悔，王石却笑着说：“根本谈不上后悔，即使当时要了，现在也要做慈善事业捐出去。钱够花就行，太多了就成了累赘和负担。”

王石放弃了唾手可得的巨大财富，那他想要的是什么呢？王石是一个热爱生活的人，他追求的是生活质量，在他生活中的一个重要爱好就是登山。2003 年 5 月 22 日 14 点 37 分，王石成功登上珠峰，当时他 52 岁，成为中国登顶珠峰年龄最大的一位登山者，也是成为登上珠峰的第一位中国企业家。他又于 2004 年、2005 年先后完成了攀登世界七大洲最高峰和穿越北极和南极的探险，是成功登顶七大洲最高峰的四位华人之一。对王石来说，登山是他的一种生活状态，“登山改变了我的很多思考方式，让我过着有质量的生活。”即使在登山的过程中，王石依然恪守“有所为，有所不为”的原则，他的目标是山顶。据说，在登山时，中间休息了，王石进了帐篷就不出来了，不管外面风景如何，不管同伴如何鼓动，他总是安心休息，意志很坚定，他的目标是山顶，不是中途的风景，所以他不会动摇，因为他要积蓄能量，他的目标是要登顶，所以他就一定要坚持。为了达到山顶这个目标，过程中他绝对不会浪费自己的丝毫精力。

“为”与“不为”说起来简单，做起来却并不是那么容易把握的。现实生活中的诱惑如此之多，心理的天平很容易倾斜，很少有人能像王石那样，视财富功名如过眼云烟，专注于自己想要的生活。大多数人“拿不起”，是因为他们“放不下”，一旦放开了，眼前必然是光风霁月。

无为是一种生活态度，也是对自己、对事业的信心，更是一种人生境界，我们常说人的欲望是无限的，要会舍才会得。但这其中，除了对舍与得有透彻的理解外，更需要有一颗甘于淡泊的心、勇于放弃的气魄和“守得云开见日明”的耐心，敢于放弃某一个时刻的光华，等待整个太阳的普照。

著名豫剧演员马金凤女士以《穆桂英挂帅》《花打朝》《花枪缘》等闻名，被誉为“洛阳牡丹”。然而，她并不是天生的金嗓子，在少年时，她历经了不少磨难，为了练腔，她抱着水罐扣住脸面高喊，天天如此，从不间断。还曾被戏霸踢下台，在头部留下一块难以消除的伤疤。就这样整整坚持了9年，终于练出了人见人赞的一副金嗓子。她对自己的嗓子非常珍惜，不止一次地说：“我把嗓子看得比命还珍贵，因为嗓子就是我的武器。”

马金凤深知自己的嗓子来之不易，在她几十年的艺术生涯中，对自己的嗓子格外珍惜和保护，尤其在饮食上非常注意。她吃过苦，也享过福，经历过忍饥挨饿的岁月，也参加过大大小小的宴会，但无论在什么情境下，她都对自己的嘴管得非常严格，从不放松。长达半个多世纪的岁月里，不但烟酒与她无缘，就连稍带刺激性的食品以及鸡鸭鱼肉也尽量少用，更别说冰糕、汽水等寒凉食物了。

在马金凤的日常菜谱里，馒头、绿豆小米饭、甜面汤是最常见的，为了补充营养，最多加几个荷包蛋。为了保护嗓子，她对身体的保护简直到了残酷的地步，以至于有一年在她的寿宴上，大家纷纷向她举杯祝福，她笑着说："我很想知道葡萄酒是什么味，可是我还是不能喝。"

正是因为马金凤有持之以恒、80年如一日的"不为"，她的嗓子才会几十年如一日地清亮动听，在85岁高龄参加中央电视台春节晚会演唱《穆桂英挂帅》时，依然字正腔圆，绕梁不绝。

"大丈夫有所为，有所不为"这句话，小到做事，大到做人，都是如此。在通往成功的路上，从来就不都是鲜花和掌声，肯定也有荆棘密布的时候，"为"就好比我们为自己制定的某一阶段的目标，"不为"就好比我们沿途可能遇到的挫折和诱惑，你可能为挫折烦恼，也可能为诱惑动心，但是，你必须明白，这些都可能延误你到达目的地的时间，也可能让你与成功失之交臂，只有"有所不为"，才能最终达到"有所为"。

◎地低成王，低调积蓄力量◎

在崇尚放飞个性、张扬才华的今天，低调的能量常常被人所忽视。其实，低调是一种欲"扬"实"抑"的策略，不管你本人实力有多么强劲，"木秀于林，风必摧之"，总不免成为众人觊觎的主要目标，影响自己的发展壮大；而如果你放低身段，不露声色，暗中积蓄力量，你就可以在别人出风头的时候，默默地汲取外部能量，充实自己，壮大自己。以低求高，以曲求直，不断进步，开创更大的发展空间。

地不畏其低，方能聚水成渊；人不畏其低，故能越众成王。世间万物无论如何发展壮大，皆起之于低，源之于低。正所谓“海纳百川，有容乃大”，越是胸怀壮志的成功者，越要恪守低调作风的典范，这不仅是一种做人的境界和风范，更是为人处世的重要哲学。

美国《时代周刊》刊登了2005年度“全球最具影响力的100人”名单，华为技术有限公司总裁任正非成为中国内地唯一入选的企业家，和微软董事长比尔·盖茨、苹果电脑CEO史蒂夫·乔布斯等跨国企业大腕比肩。然而，任正非在国人心目中，却一直是一个“神龙见首不见尾”的神秘人物，堪称当今中国最低调的企业家。《福布斯》杂志这样评价他：“任正非是一个很少出现在公众视野中的人物，却是国际上最受人尊敬的中国企业家。”

任正非在1988年创办了华为公司，这家公司重复了当年思科、爱立信等声名卓著的全球化大公司的发展历程，如今这些电信巨头已把华为视为“最危险”的竞争对手。然而，这个极富传奇色彩的电信巨头从不接受媒体采访，从不在公共场合抛头露面，从不参加各种无关紧要的集会、宴会。甚至直接有利于华为形象宣传的活动、政府活动，他也一概拒绝。这与他的很多同行形成强烈的反差。华为在人们印象当中非常强大而神秘，但很少有人知道它到底有多强。任正非解释说：“我为什么不见媒体？因为我有自知之明……我知道自己的缺点并不比优点少，并不是所谓的刻意低调。”

从低调中崛起的华为如今已是中国最具影响力的通信设备制造商、全球电子行业名列前茅的企业，也是令思科等跨国巨头深感头痛的强大竞争对手。在很多国内大型企业都难以“走出去”的背景下，华为已经率先实现了国际化，成功进入了世界级企业的行列。

孔子曰：“地低成海，人低成王。圣者无名，大者无形。”低调是一种暗藏的力量，持有这种心态的人，总是能以平和的心态来看待世间的一切；修炼到此种境界，既可以让人在卑贱时安之若素，处之泰然，也可以让人在显赫时持盈若亏，善始善终。正所谓“长江不择细流，故能就其深”，有锐气而不显露、有才华而不炫耀、居功而不自傲，如果能成功地做到这些，则既能避开嫉妒者的“暗箭”，又能为自己挣个“谦逊”的好名声，对事业发展更加有利无害。

张廷玉为清代名相，出身国相之家，亲历康雍乾盛世，其才其学堪比先贤，位极人臣却无骄奢之态，因其低调，史书所记寥寥，但关于他的每一笔记载，都光彩耀眼，堪称人臣楷模。

张廷玉深受三朝帝王宠爱，身居要职，却深明谦虚抑让之道，从来不因自己的得宠而得意忘形，愈是位高愈是低调稳重。张廷玉平日生活朴素，自律甚严，无声色之嗜，一生遵循其父“读不尽架上古书，却要时时努力”的教诲，每日归家后便手持典籍，独处一室细心阅读。张廷玉是当朝大员，圣眷优渥，想和他攀交情的官员如过江之鲫，他在朝中为官多年却“无一字与督抚外吏接”，即使是经他推荐而受擢用之人，他也守口如瓶，尽量不让当事人得知。因其为人处世谨慎持重，因而虽然他身为汉族官员，却能不断地得到多疑的满族皇帝的信任。

雍正十一年，张廷玉长子张若霭参加会试，没想到，在密封阅卷的情况下被雍正点为一甲第三名。当知道张若霭是张廷玉的儿子时，雍正十分高兴，觉得这是张家的又一个佳话。没想到张廷玉却一再辞让，希望雍正能选换他人，他说：“当今天下，人才如此众多，都希望在三年一次的殿试中以文成名，我现在的位置已经让我儿子沾了不少光，若这次他又中了探花，人家都会认为那是仰仗了我的宰相之位才得到了，那岂不是寒了天下读书人的心？让我实在心有不安。”雍正见张廷玉“陈奏之时，情词恳切之至”，深感其义，把张若霭改为二甲第一名。后来，在张榜公布的同时，雍正还为此事，颁旨表彰张廷玉代子谦让的美德，让天下读书人共知之。

张若霭也很有乃父之风，虽然无端端地被拿掉了探花，却十分理解父亲的做法，也没有辜负父亲的厚望，后在南书房、军机处任职时，都能尽职尽责，谦虚自处。张家人才济济，高官众多，却没有一人因官得祸。去世后乾隆遵雍正遗诏特准其配享太庙，成为清朝少有的享此殊荣的汉族大臣。

盛名之下，其实难副。对一个有能力且有志向的人来说，顺利地生存和发展，不是一件简单的事，要想事业发展得顺利些，就得用“低调不低能，谦虚不谦恭”这些话时刻提醒自己。越是功成名就的人，越是低调做人的典范。只有这样，才能积蓄更多的实力。

放下身段、放低自己。这既是对自己的理智审视，也是积蓄能量的前提。如果你总能够以低调的态度面对人生，即便是在自己取得显著的成绩时，依然能够放平心态，以平常心去和别人交往，看到别人的长处，承认自己的不足并不断改进，你就能够为自己积蓄更多的能量，得到更大的发展。

◎善于处下，才能居上◎

在生活中，人们普遍都喜欢争雄称霸、争强好胜、趋上避下，唯恐自己落在别人后面。而我国古代了不起的大哲学家老子，却很明确地提出了“处下”的思想。仔细琢磨，“处下”确有不同凡响之处。黄河为什么能成为一条大河？因为，黄河“处下”，所以百川汇于黄河。就如有一个成语叫“望洋兴叹”，源于《庄子秋水》里所说，河伯（河神名）因河水大涨，就自以为大得不得了，扬扬自得，后来到了海边，望见无边无际的大海，方才感到惭愧，“于是焉，河伯始旋其面目，望洋向若（海神名）而叹”。叹什么？叹大海更“处下”，故能成其大。

“处下”是一种态度，更是一种境界。人生得意处，人生失意时，都需要有这样的一种境界。有了这种心态，也就可以在时运不济时，仍然从容面对，隐忍蛰伏，再度崛起，来成就人生更高姿态。

翻看中国古代历史书，许多君主都自称“孤”“寡”。“孤家”就表明自己是孤独的人；自称为“寡”也表明我是孤独者，还是一个缺少道德的人。普天之下，莫非王土，率土之滨，莫非王臣，君王享有无上的权力，就是因为得到的太多了，唯恐会失去，因此，他们都自称孤德、寡德，希望臣民来拥护我，支持我，保护我的统治长久。尽管古代的王侯大多是做不到这一点的，但是选择这样的称呼的出发点就是表示，侯王“我”实际上是居于下位的，就是“贵以贱为本，高以下为基”。常常“居上思下，处尊思贱”，那么你的尊贵就不会倒下，你的高位就不会被颠覆了。

与秦始皇并称为“秦皇汉武”的汉武帝刘彻，是一位具有雄才大略的皇帝，文治武功，均为后人称赞不已。然而，就因为刘彻太能干了，免不了刚愎自用，与汉朝的强大如影随形的，是奢侈腐化的日益滋长，到汉武帝晚年时，这一点就更加明显了。

汉武帝喜欢享乐，大兴土木，挥霍无度，这些活动，消耗了大量的人力、物力和财力，而且上行下效，使整个统治集团日趋腐化。至汉武帝统治后期，汉王朝上下已经怨声载道，危机四伏，农民起义此起彼伏。

值得庆幸的是，就在危亡存于旦夕之际，汉武帝及时醒悟并反省了自己的错误，于是悬崖勒马，改弦易辙，调整了政策，并公开向全国发布了著名的《轮台罪己诏》，对自己以往的所作所为深表悔恨。诏书的主要内容是汉武帝承认自己的政策过失，把原来的错误都归罪于自己，所以后人将其称为《轮台罪己诏》。

从此，汉武帝不再派兵出征，而是殚精竭虑，埋头发展，增强自身实力，凡是伤害老百姓或浪费天下财物的事一概不做。这些政治上的改革，挽救了当时濒危的局势，使社会矛盾得以缓和，因而使汉朝没有陷入秦末的厄运。司马光为此评论说："这正是汉武帝之所以有造成秦朝灭亡的错误、却避免了秦朝灭亡的灾祸的原因吧！"

光有"处下"的理念是不够的，还应该有实际行动。做人要低位处下，为溪为谷；处世要低调，"知其荣，守其辱"，处下、处后是一种积蓄力量酝酿准备的态势，是在创造条件以便实行转化。比如处于最高位置的君王，要完成宏图伟业，就必须"不耻下问，不耻下位，不耻下人"。不耻下问，就能得到知识；不耻下位，就能得到上位；不耻下人，就能得到贤人的辅佐。如果把自己看成无所不能的强人，高高在上，目空一切，只能得到奴才，却得不到大贤。比如说，商汤王遇到伊尹时，先是摆出一副学生的姿态，向他学习，然后再请他为臣，辅佐国家大事；周文王为了得到姜尚，沐浴更衣，斋戒三日，带着厚礼前去拜访，才将他请回朝中，为周朝大业立下了汗马功劳。

公元前318年，战国时期的燕国发生内乱，齐国乘机破燕，群臣外逃，国内混乱不堪。经过一番曲折，燕昭王在赵国的帮助下即位，他牢记复仇之志，苦思冥想如何改变这被动的局面。

在大臣的指点下，燕昭王去拜见一位叫郭隗的大贤，向他请教："齐国趁我国内乱，破我国都，践踏家园。我深知目前燕国地小人少，不足以报此大仇，恢复江山。但洗刷先王所蒙受的奇耻大辱，这乃是我的心愿。请问我该怎么办？"

郭隗回答说："帝者与师处，王者与友处，霸者与臣处，亡国与役处。"意思是说：想称帝的人与老师相处（以人为师）；只想称王的人与朋友相处（以人为友）；称霸的人与大臣相处（以人为臣）；而亡国的人只有和仆役相处（以人为奴）。总而言之，越是想成就大业的人，越是要尊重别人，把自己摆在下方。善于"处下"是成就大业的关键。

燕昭王听后，大有所悟，认为这是治国兴邦的关键因素。当即拜郭隗为师，还为他修建了豪华的庭院。结果，据史料记载，乐毅从魏国来燕，邹衍从齐国来燕，剧辛从赵国来燕，这些人为燕国的复兴，都贡献了自己的力量。燕国一时成为"人才聚焦地"。

经过28年的奋斗，燕国逐渐强大起来，燕昭王二十八年，燕昭王封乐毅为上将军，与秦、楚、晋联合攻齐，占领齐国七十多城，一直打到齐国的首都，让天下诸侯对燕国刮目相看，这是燕国最辉煌的时期。

人往高处走，水往低处流。人的这一生，只能往上，不能往下走，这是很多人的理念，更是众生的普遍心理。然而事实上，这个"人往高处走"的理念，并不是适用于任何情境的。人生一世，是不可能总往高处走的，沉浮起落，坎坷挫折，生活总会有许多可以预知或难以预知的困难在等着我们，唯有善于"处下"、对逆境安之若素的人，才能从容面对，走出人生的低谷，迎来柳暗花明。

由此可见，"处下"并不是一个被动的选择，"处下"的目的是为了"居上"。兵圣孙武认为"兵形象水"，而水的特点是"因地制流""避高就下"。一个"就"字，就显出了主动，积极进取的姿态。避高就下、随势取舍，表面上不争于世，实际上蓄势待发。以主动之势，成就下之形，处人之所恶，而能利万物，这就是老子所说的"处下"的智慧。

第二章 低调做人，心宽似海有容乃大

◎善待他人，就是善待自己◎

一个人的幸福感如何，并不一定取决于财富、权力和容貌。而在很大程度上取决于周围和你相处的人。现实生活中，很多人总在想为什么自己处处遭人冷遇，得不到别人的尊重，却没有扪心自问，自己的所作所为是否得当，结果让自己的人际关系越来越糟糕，其实这怪不了别人，都是他们自己造成的。中国有句古话叫：“与人为善”，人际交往是个双方面的行为，“以人之心推己，以己之心推人”。你怎么对待别人的，别人就会怎么对待你，如果你总是笑脸迎人，满面春风，自然人家会回报你笑容，而你如果在与人相处时总是自以为是，对别人随意指责、百般挑剔，对方自然会自动远离你了。只有处处与人为善，严于律己，宽以待人，才能建立与人和睦相处的基础。

有个刚上班的年轻人，名校毕业，年轻气盛，然而，当他第一天走进办公室时，没人搭理他，更没人热情地问候他，他枯坐了一天，非常没趣，回家之后，反省自己的态度是不是太高傲了。他第二天再去上班时，热情地对办公室的每个人都打招呼，向他们介绍自己，请同事们予以关照，这一来收到了意想不到的效果，周围的人对他马上亲热起来，产生这一大变化的原因就是他那善意的微笑感染了同事。

孟子曾经说过：“君子莫大乎与人为善。”在如今这个需要协同合作的社会，早已不再是一个人关起门来就能打天下了，人与人之间更多的是互动的关系，只有能够时刻心存善意，善待他人，帮助别人，才能赢得人心，给别人留下好印象，从而获得与他人的愉快合作，使自己有更多的发展机遇。那些慷慨付出、不求回报的人，往往比那些封闭自守的人更容易获得成功。如同我国有句古语说的那样：“授人玫瑰，手留余香。”

全球赫赫有名的希尔顿饭店，是身份和地位的象征，也是各国的达官贵人来纽约下榻的首选。它在1931年启用。这家饭店的经理有着一个传奇般的励志故事。

某个深夜，一对年老的夫妻走进了一家旅馆投宿。不巧的是，当地正要召开一个大型会议，这家旅馆的房间已经住满了。接待他们的侍者看见两位老人身边行李很多，而且已经非常疲惫，就把两位老人带到了一个房间，对他们说：“这房间条件比不上宾馆，也许不是最好的，但是我把它收拾得非常整洁，希望你们不要嫌弃屋子的简陋，能够在这里做个好梦。”两位老人一看，眼前是一间整洁干净的屋子，于是没有拒绝侍者的好意，住了下来。

到了第二天，老先生去结账，接待他的仍是昨晚的那位服务生。服务生依然亲切地表示：“你们不用付钱，你们昨晚住的是我自己的房间，希望你们对我的房间感到满意。”两位老人相当感动，说：“小伙子，你真是我们老两口见过的最好的服务员。我们该怎么报答你呀？”侍者听到这里，笑了笑说：“这没什么，昨天我正好值班，所以我就在办公室过了一夜，这一夜我过得很愉快，希望两位同样也愉快。”

很快，侍者就把这件事情忘记了，没想到，不久之后，他突然接到一封挂号信，里面是一张去纽约的机票，另外还附着一张邀请函，邀请他到纽约一游。侍者心想，反正最近闲着也没事，既然有人诚意邀请我，还报销机票，就当旅游好了。

几天后，侍者在抵达曼哈顿第5街及34街的路口见到了几个月前他接待过的那对老夫妇，老人的身后，矗立着一座金碧辉煌的大酒店："小伙子，还认得我们吗？我很喜欢你，从你把房间让给我们开始，我就觉得我们有缘分。你看这家大酒店，是我们专门为你买下来的，就交给你管理了，我们相信你一定能把它管理好。"这就是后来全球赫赫有名的希尔顿酒店的第一任经理走马上任的故事。

人的一生总会充满各种机遇，每一个机会都可能将自己推向另一个高峰，你善待了别人，生活也会善待你。你无意中做了一点点的善事，有时往往可以让你得到意想不到甚至是十倍百倍于你付出的收获。所以，要放低身段，不要轻视任何一个人，也不要放弃任何一个可以帮助别人的机会，学习对每一个人都热情相待，学习对每一次交往都充满感激，这样既能享受到一种施惠与人的快乐，又能给自己带来更多的机遇和发展。

著名的企业家李嘉诚经常说："善待他人，就是善待自己。"他告诫集团管理层：作为一个企业的领头人，应该胸怀宽阔，乐于助人，经常关心和问候下属，为他们排忧解难，因为只有当他们没有后顾之忧的时候，才会将更多的精力投入到工作中，才会为公司创造更大的利润。

李嘉诚早年经营塑料花生意时，因为决策失误，公司的产品积压了很多，财务运转不灵。此时唯一的办法就是辞退员工或者降低工资，以降低公司的成本。对李嘉诚来说，这是一个非常痛苦的决定。

李嘉诚遣散了一部分员工，但诚恳地告诉他们："你们暂时回家，只要公司情况好转，就希望大家回来工作，我仍然会给你们安排。"后来，李嘉诚度过危机之后，重新找回被遣散的员工，并给他们提高了职务和薪水。李嘉诚的做法让员工对他充满感激之情，于是更加努力地工作。李嘉诚说过："长江实业能扩展到今天的规模，要归功于属下同人的鼎力合作和支持。”

“天下没有免费的午餐”，人与人之间的关系是相互的，就像回音壁一样，你给出什么，就得到什么，没有付出，何谈回报？人们常说：“种瓜得瓜，种豆得豆。”种什么就会得到什么。放下身段，善待他人，既是一种生活的策略，更是一种智慧。有了好人缘，路才能越走越宽，影响力才能越来越大，不但对你自己，对你所在的集体乃至整个社会都能起到积极的推动作用。

◎上交不谄，下交不渎◎

中国是个礼仪之邦，历来交友待客都主张“诚与敬”。比如“上交不谄，下交不渎”，这是《易系辞传》中孔子的话，意思是说，与地位高于自己的人交往，不要低声下气，而要不卑不亢；与地位低于自己的人交往，亦不可高傲怠慢，给对方自己高人一等的感觉。后来，西汉文学家扬雄将“渎”字改为“骄”字，变成了“上交不谄，下交不骄”，但是意义基本没有差别，这可以说是古人倡导的关于人与人之间相互交往的行为准则。

然而，不管是古代还是现代，“上交不谄，下交不骄”说起来简单，却知易行难。一般说来，人们在与自己地位、才识相同的人交往时，大多都能从容以对，彬彬有礼，该开玩笑的时候开玩笑，该正经的时候正经，谁也不会因此心里不舒服，这时候，大家都能当得起“不卑不亢”这个词。可是，交往对象的身份一旦发生了变化，很多人的心态便会随之起了变化，因为对方的身份、地位或升高或降低，在心理上或多或少会有微妙的影响，而且明明白白地露于言行，写在脸上。

比如说，著名的文学家苏轼有一次游莫干山，经过一座庙宇，于是进门拜访里面的老道。主持的老道见苏轼衣着平常，于是冷淡地接待了他，指了指椅子说：“坐。”然后叫小道士上了一杯茶，指着茶道：“茶。”

苏轼入座后，和老道交谈了几句，老道感觉苏轼谈吐不凡，好像大有来头，便把他引至大殿，客气地说：“请坐!”要道童向客人“敬茶!”

苏轼心里暗暗好笑，在和老道的聊天中，提及自己就是苏东坡，老道大吃一惊，马上把他让进贵宾厅，一边作揖一边道：“请上坐。”又吩咐道童拿来上好的茶叶道：“敬香茶。”

临别时，老道请苏轼给他留个题词，苏轼有感于老道的势利态度，于是开了个小玩笑，写下了“坐，请坐，请上坐；茶，敬茶，敬香茶”，至于那个老道看到题词的感想如何，就不得而知了。

如果稍加留意，就会发现，类似这样的场景其实很多。中国的《二十四史》基本就是一部帝王将相史，包括一些家谱、地方志等，大大小小的官员肯定都会占据重要的篇幅。即使在现实生活中，朋友、同志之间的闲谈中，也少不了谈及谁谁高升了，谁谁降职了，好像熟人当官了，升职了，自己也跟着沾光了，身份地位也跟着升高了。周围的环境尽皆如此，要“不谄”“不骄”，确实不容易。

对大多数人而言，做到不卑似乎很难，激烈的竞争和压力会磨掉我们原来拥有的那些锐气，为了生活，为了事业，我们往往不得不对某一群体的人毕恭毕敬。但是，与人交往不可以没有原则，在某些情况下，我们可以保留有一身傲骨，有所不为，有所必为。

实际上，“不卑不亢”之所以是人际交往的一条基本原则，并不仅是简单地表示自己友好的交际态度和良好的修养，它有着更丰富的内涵，表示那个人非常自信，胸有成竹，深谙进退自如的为人策略。苏东坡曾经说过这样一句话，“吾上可陪玉皇大帝，下可陪卑田院乞儿”，对家境优裕的苏大才子而言，玉皇大帝和卑田院乞儿的地位是一样的，谁也没比谁高一头，谁也没比谁低一等。正因为有此豁达的心态，屡经仕途挫折的苏轼总能心境安宁，“也无风雨也无晴”。

某一天，著名诗人谢甫琴科应沙皇召见来到皇宫。御殿里聚集着不少文官武将和外国使节，沙皇一到，所有的人都弯下腰去，唯有谢甫琴科昂首不动。沙皇愤怒地问：“谁见了我都不敢不低头，你是怎么回事?”

谢甫琴科冷静地道：“不是我要见你，而是你要见我。如果我也像周围这般人一样向你打躬弯腰，你还能看得清我吗?”不卑不亢，恰到好处，使凶暴的沙皇无话可说。

与“上交不谄”比起来，“下交不渎”似乎要困难些。“下交”的“下”除了指具有某些缺点、错误、短处的人以外，还包括地位、资历或者财富上不如自己的人，比如兜里有些钱的暴发户对穷人一副傲态；大城市的人对农村的人常露出几分瞧不起；有些知识分子在学历知识低于自己的人面前优越感十足；等等。实际上，人们都喜欢在彼此平等的状态下交往，这样才能从容以对，谈笑自若。倘若因为“谄”或“渎”，使人与人之间产生距离，甚至形成人际交往的鸿沟，你就很难成为一个有作为的人。所以，无论面对什么人，无论他的身份和地位如何，一定要一视同仁，既不卑屈，也不高傲。

西晋的史学家、医学家皇甫谧二十多岁时无心学习，后来思想转变，发愤读书，在学业和道德品质上都严格要求自己，认为“轩冕未足贵，贫贱不为耻”。

有一次，他的表兄梁柳被任命为城阳太守，将去赴任，新官上任，巴结的人自然众多，认识的、不认识的人都带着礼品争相送行，很多人劝皇甫谧也应该为梁柳饯行。皇甫谧却拒绝前往，他对来人说：“我的表兄还只是老百姓的时候，他来看我，我都在自家门口迎送，招待他的也只是我们日常所吃的‘盐菜’，现在他做了一方长官，我马上去城外给他送行，说明我看重的是他这个城阳太守的官位，而不是他本人，这样反而让他的心里不安。”终究没有去送行。

如果说“上交不谄，下交不渎”被古人视为待人处世的重要原则的话，那么我们今天可以说，“上交不谄，下交不渎”也是一般人在现代社会安身立命的“护身符”。其实，“不骄”和“不渎”的主要原则就是要讲究“适度”，心境平和，宠辱不惊，当“春风得意马蹄疾”时，不傲不骄，当人生失意时，不卑曲讨好，做人光明坦荡，心态如一，保持一种从容不迫的风度，这样才是正确的交往之道。

◎自知者明，找准自己的位置◎

“自知之明”出自《老子》：“知人者智也，自知者明也。”意思是，善于观察别人的是智慧，而能够认识自我的则可以称作高明。在现实中，人要做到这一点，往往是相当困难的。在古希腊帕尔索山上的一块石碑上，刻着这样一句箴言：“你要认识你自己。”卢梭称这一碑铭“比伦理学家们的一切巨著都更为重要，更为深奥”。对聪明人来说，要洞察他人，洞察环境，甚至洞察社会都不算太困难，但是，要了解自己，往往难度甚高。

“女人如果不性感，就要感性；如果没有感性，就要理性；如果没有理性，就要有自知之明；如果连这个都没有了，她只有不幸。”这是台湾漫画家朱德庸评论女人的妙语。不过，这个道理对男人而言，何尝又不是如此呢？历史上，有太多这样的人，因为不能正确认识自己，天天抱怨人家不发现自己的才能，以为自己真是超人、天才或者鹤立鸡群，结果都从飘飘然的睡梦中重重地摔了下来。

秦朝末年，项羽和刘邦都是优秀的起义军领导人，两人各自带领队伍推翻了秦朝政权。后来，天下成了他们两个人的竞争，历史上称作楚汉相争。论条件，两个人是无法比较的，项羽是楚国的贵族，刘邦只是一介布衣；项羽是所向披靡的西楚霸王，而刘邦则是一个屡败屡战的汉中王；项羽堪称天下第一英雄，而刘邦的作战原则是“打不过就跑”。另外，项羽又承叔叔的基业，拥有各方面将士的支持——这些都是刘邦望尘莫及的。但是，为什么项羽这个英雄却败给了刘邦这个颇有流氓习气的人了呢？一个重要的原因就是刘邦有自知之明，而项羽却自以为是。

项羽虽然勇猛，但是自以为是，率性而为，独断专行，而且不听人劝。刘邦起初也和他犯了同样的错误，比如轻视文人，但在张良等人的指点下，他很快意识到自己的问题，对自己的情感、情绪及其后果进行了反思，并且进行了根本性的调整。一个好的带头人不但要掌握人才，还要善于使用人才，把他们放在适当的位置上，让他们最大限度地发挥自己的积极性。刘邦深谙此理，他让韩信带兵，张良出谋，萧何管理后勤，做到人尽其才，各司其职。

后来刘邦得到天下之后，曾经对群臣感慨地说：“运筹于帷幄之中，决胜于千里之外，我不如张良。镇国家，抚百姓，给馈养，不绝粮道，我不如萧何。连百万之军，战必胜，攻必取，我不如韩信。这三个人，是人才中的人才，能使用这些人才，是我所以能胜利的原因。”从这三个“不如”中，可以看出刘邦是何等具有自知之明。而项羽呢？总觉得天下英雄非我莫属、舍我其谁！导致人才纷纷离他而去，比如韩信，就是离开他投奔刘邦的，直到败于垓下时，还死不悔改，反复地说：“此天亡我也，非战之罪！”假设项羽能像刘邦一样对自己的优势和弱点有充分的认识，并及时进行反思和调整，历史也许就会被改写。

俗话说得好，一个人总该知道自己能吃几碗干饭，聪明人尚且容易在这方面栽跟头，你我这样的普通人就更应当正确判断自己的能力、学识、特长，从而作出最符合自身条件的选择，哪些事情我们应该花大力气做，哪些事情我们做不了、需要请人帮助，哪些是我们干起来吃力的。这样能对自己作出较为准确、恰如其分的估量和评价，做到人尽其才，事半而功倍。

美国的前国务卿赖斯的父亲曾任丹佛大学副校长，母亲是小学音乐教师，姑姑是维多利亚文学博士。优越的家庭环境使赖斯从小就受到了良好教育，小时候，母亲给她起名为“康多莉扎”，意思是“甜美的弹奏”。于是，小赖斯立志成为一名钢琴家。4 岁时，她掌握了一些曲子，开了第一个独奏会。16 岁那年，她进入父亲所在的丹佛大学拉蒙特音乐学院学习钢琴演奏。

然而，到大学二年级时，赖斯的钢琴梦被无情地打破了。那年夏天，她参加了著名的阿斯本音乐节，她看到有个 11 岁的孩子看一眼曲谱就能演奏一支曲子，而这支曲子，赖斯要练好它，足足用了一年。钢琴世界的激烈竞争和严酷现实使赖斯放弃了自己的梦想。她说：“我弹得还可以，但那只是针对普通人而言的，几乎所有的曲子我都能弹，但我永远不能像真正的钢琴家一样弹得那样好。”她自嘲道：“可能我永远不会有在卡内基大厅演奏的那一天了。”正是由于对自己有着清醒的认识，赖斯决定重新选择人生的道路。

除了钢琴之外，赖斯在很多方面都有天赋，尤其是运动，她的网球和花样滑冰玩得都很出色。受父亲影响，她对美式橄榄球也十分着迷。她曾经开玩笑说，如果能够当上美式橄榄球联盟主席，她宁愿不当国家安全顾问。

最终决定了赖斯人生选择的是一堂国际事务课。那堂课的主讲者是克贝尔，赖斯突然发现，政治居然那么有意思，于是，她开始下决心往这方面发展。2001 年，赖斯成为美国历史上第一位黑人国家安全事务助理。2005 年 2 月，她接替鲍威尔成为了美国国务卿。

聪明人和智者的区别，就在于聪明人只显摆自己的聪明，而智者总能正确认识自己的才能，努力把自己的才能发扬光大，找准自己的位置和方向。没有自知，不能自胜，在漫长的人生历程中，每个人都要放低身段，认识自己，通过各种方法了解自己，这样，在面临成功的时候，就不会忘乎所以，骄傲自大；遇到挫折失败，也能鼓起信心，再度重来。尤其在竞争激烈的今天，只有放低身段，充分认识自己，找出自身的优势和劣势，才能适应形势，取得最大的成就。

◎不平面前心平气和◎

“人生不如意十之八九”，在漫长的人生旅途中，我们常常遇到很多不平之事：成绩不如自己的人拿到了奖学金、能力比不上自己的人找到了好工作、心仪的女孩被一个痞子捷足先登了、曾经不屑一顾的同事当了自己的顶头上司……诸如此类的事情层出不穷。生活中的事情不是样样都尽如人意的，与其在追问是否公平上花费精力，还不如踏踏实实将自己该做的事情做好。这不是任人摆布，也不是逆来顺受，而是理智的生活方式。

贾平是个才从学校毕业的高才生，在学校时就有很丰富的社团经验，经过过五关斩六将，他进入了一家著名的出版社做编辑。

贾平去出版社报到时，那家全国出名的出版社正在进行一套丛书的编辑，每个人都很忙，但总编并没有增加人手的打算，于是，这批刚来编辑部报到的年轻人就成了大家随意指派的“杂工”。整个编辑部，只有贾平接受老板的指派，其他人都是去一两次就不愿意再去了，贾平却笑呵呵地道：“没事，干什么不是干啊，还能学到不少知识呢。”

表面上，贾平也没学到什么，因为他要帮忙包书、送书，完全就是个“杂工”嘛，而且，谁都可以随意指挥他，可是，贾平却毫无怨言。后来他又去业务部，参与直销的工作。此外，连取稿、跑印刷厂、邮寄等事，只要别人开口求助，他都乐意帮忙。“反正吃亏就是占便宜嘛。”当别人觉得他傻的时候，他还是这么说。

没想到，试用期一过，与贾平同时进出版社的同事还在做着校对的工作呢，贾平已经被总编安排组稿了，出版社的其他同事却觉得很正常。试想，一个刚毕业的学生如此任劳任怨，在做好自己分内工作的同时，还承担去做没有人吩咐但是对公司却极为重要的事情，这样的员工不受重用，谁还会受重用呢？

5 年过后，贾平离开了出版社，自己成立了一家出版公司，生意做得红红火火。由于心态积极，他将出版社的策划、编辑、发行等工作都摸得很熟，而且在这过程中，他还积累了方方面面的人脉，因此他能够获得成功。

对某些急功近利的人来说，在工作中要得到什么很容易，稍一投机取巧，便得让人得到利益。但要清醒地看到，你失去的可能更多。面对不公平，保持心平气和，可能表面上会让你有所损失，但自己得到了历练，收获了别人对你的好感，也是一笔了不起的财富。

比尔·盖茨曾说："这社会是不公平的，你不要想去改造它，只能先适应它。"也许，你努力了好几年，却赶不上某些初出茅庐的人，"我奋斗了十年才能和你坐在一张桌子上喝咖啡"，早已是人所共知的事实，你再不平，再委屈，又有何益呢？

古代寓言里，有一个叫爱地巴的人，他一生气就绕着自己的房子和土地跑步，后来，他的年纪越来越大，房子越来越大，要跑的圈数也越来越多，每次都累得气喘吁吁、汗流浃背。

有人问他："你一生气就跑步，让自己又累又饿，那不是更生气了吗？"爱地巴笑道："当我年轻时，我绕着我的房子跑，我就想，我这么穷，房子这么小，哪有时间与精力去跟人生气呢？不如多做点事情，改变贫穷；后来老了，房子也大了，还是要绕着房子与土地跑三圈，边跑边想：我房子这么大，土地这么多，我已经够有福气了，何必再计较呢？一想到这些我的气就消了。"

从健康的角度来看，人能不能保持心理平衡，对健康影响很大。《黄帝内经》说"怒则气上，喜则气缓，悲则气结，惊则气乱，劳则气耗"，因此"百病生于气也"。当我们面对生活中的种种不平之事时，怨天尤人、自怨自艾是于事无补的，甚至会让自己一步步堕入沮丧的深渊，难以自拔。唯一可取的做法就是调整好自己的心态，用积极、乐观的态度来生活、工作。既然我们没有能力改变不平之事，那就只有调整自己，对任何事都保持乐观、平和的心态，这样问题反而会迎刃而解，矛盾和心结自然就能打开。

身价 10 亿的"打工皇帝"唐骏在卡拉 OK 盛行的时候，研发了一种专门用于卡拉OK设备上的打分机，在唐骏看来，唱卡拉OK是一件挺无聊的事情，但是为了“让这些无聊的人更加有聊”，当初还在日本留学的唐骏在研究数字信号处理的时候想到了发明卡拉OK评分系统。演唱者唱完一首歌后，打分机会自动打出分数，他把自己的构想申请了专利，并以8万美元卖给了韩国三星公司。这一设备增加了卖点，很有技术含量，虽然过了15年，但还是没有人能模仿出来。后来，韩国三星公司将之卖给其竞争对手日本先锋公司，仅专利使用权就卖了150万元。听到这件事的人都觉得唐骏吃大亏了。

如果是别人，很有可能会为“贱卖”了自己的心血而耿耿于怀，但唐骏在谈到这段经历时，却没有一丝遗憾，相反对当年的吃亏心怀感激。唐骏说：“应该感谢三星公司，如果没有三星来买这项专利，就没有我创业之初的8万美元启动资金，也许后来的事业就不会有现在这么顺利。”这是唐骏创业的第一桶金，之后他还从事过很多不同的职业，但正是这件事，教会了唐骏如何从一个学者转变为一个商人。

平常心不是消极遁世，而是一种境界，在生活中，不要指望自己的每一次付出都必然得到回报。多多体谅别人，将现实中不令人满意的成分降低到最低限度，你最终必然会得到回报，而且是各方面的丰厚的回报。路还是原来的路，境遇还是原来的境遇，改变环境是很困难的，这时候，我们应该放低身段，通过改变自己来适应环境，这样，我们的心境也就截然不同了。

◎退一步，迎来海阔天空◎

“人在江湖飘，谁人不挨刀?”为人处世，总有遇上吃亏和受气的时候，现实生活中，很多人以“人不犯我，我不犯人”作为人生信条，其实也就是“人若犯我，我必犯人”。于是，他们不愿意忍，不乐意让，因为在他们看来，“忍”和“让”是怯懦、无能的表现。因此，遇事非得争个高低、曲直，一副不“赢”不撒手的架势。人家讽刺我一句，我就骂回去两句，人家在我脸上打一个耳光，我就回敬他一顿拳头，但是，这样做就好吗?

古人曾说：“忍一忍风平浪静，退一步海阔天空。”由此可见，隐忍和退让确实是对自己有好处的。如果为一些小事情而针锋相对、以牙还牙，结果很可能是两败俱伤。如此一来，还有机会实现远大的志向与宏图大业呢?

宋朝时的尚书杨玢，为官清正，贤名远播，退休之后，隐居乡里安度晚年，读书、品茶、作诗，生活过得舒适惬意。

有一天，他正在桌边读书，他的一个侄子突然跑进来，大喊道：“叔叔，我们家的旧宅地被邻居侵占了一大半，我们可不能放过他，麻烦你给县官写封书信，我们要去告他。”

杨玢听后说：“不要急，把事情说清楚，他们占些旧宅地，对我们有何影响?”侄子说：“影响倒是没有，但是说出去脸上无光，叔叔现在退隐在家，他们就敢占我们宅地，这不是打您的脸吗?”

杨玢没有说话，只是笑了一下，说：“我这么大岁数，总有一天要死的，死之后，管他宅地是多还是少，反正他们家的宅地少，就让他们一点儿又如何？”

侄子为难地道：“道理是这个道理，但叔叔你真的忍得下这口气吗？我们已经托人去找县官大人，写好了状子，就等你过目了。”侄子呈上状子，杨玢看后，拿起笔在状子上写了四句话：“四邻侵我我从伊，毕竟须思未有时。试上含光殿基望，秋风衰草正离离。”

写罢，他再次对侄子们说：“世间追逐名利的人还少吗，在一些小利上不妨看透一些，退一步海阔天空。”在他的劝告下，侄子们收回了状子，这事就不了了之。

杨玢的邻居在得知此事后，羞愧不已，主动地退回所侵占的土地，双方在原有的基础上，在两宅之间开辟了一条大路，一时成为佳话。

宽容是与人相处最重要的品德之一。杨玢的所作所为，不是怕事，而是看破名利之后的豁达，侵占宅地，原本是他人之过，替他掩藏几分，反倒能使他自惭改过。杨玢表面上显得窝囊懦弱，但实际上，却显出了他宽大厚道的为人。与人为善的，能退一步想，海阔天空；凡事退一点，不但留给别人一点余地，也是对自己的一种修行。

生活在大千世界，各种摩擦、矛盾层出不穷，心态不同，结局自然也不同。古人说得好：“自萧如秋霜，接人如春风。”意思是说对待自己如同秋霜一样寒凉，对待别人如同春风一样温暖，这就是在交际上胸襟开阔，待人宽一分即是福。遇事都为别人着想，放低身段，退让一步，可能使事情发生意想不到的转变，自己也少了很多烦恼。

再看一个故事，春秋时期，梁国是个弹丸小国，在那种群雄逐鹿的大环境下，想插手争霸天下不太可能，能够自保就已经很不错了。小国自保的方式通常只有一个——结盟，比如和相邻的大国结盟，虽然不可避免地要接受很多不平等的待遇，但在一定程度上能保证国家安全，相对还是值得的。

梁国人宋就在历史上没有留下什么光辉事迹，但有段他的佳话一直广为流传。他曾经在梁国边境的一个小县做过县令，这个县紧挨着春秋时的强国之一——楚国。梁国的边境百姓和楚国的边境百姓都喜欢种瓜，各有各的方法，两国的边界线也是从瓜地中间穿过。梁国的百姓很勤劳，日日操心，瓜的长势自然喜人。楚国的村民懒于耕种，瓜的长势自然也就不咋样。

楚国的百姓可能是大国子民当惯了，看到自己的瓜和对方相比差得太多，不由起了嫉恨之心，便在夜晚偷偷潜到梁国瓜地里把他们的瓜秧踩死一大片。

等到天亮，梁国的村民发现瓜秧死了不少，据目击者称，是楚国的村民干的，顿时火冒三丈，他们也打算集合起来，用同样的办法报复对方，好好给他们点儿颜色看看，让他们知道，梁国虽然是小国，也不是好欺负的。

梁国的村民还没有出发，事情就已经传到宋就的耳朵里，宋就顿时着急了，若真是闹上门去，楚国的村民岂肯善罢甘休，这样冤冤相报何时了呢？宋就马上赶到现场，开导他们道："我也知道，这次是他们做得不对，但是若我们也像他们一样，以恶治恶，那和他们又有什么区别？这样报复，只能解解心头之恨，却会带来无穷后患，不如暂时退让，我想楚国的村民，不会总是这样不讲道理。不如你们每天晚上去帮他们浇地，我保证过几天，你们会看到想象不到的结果。"

被他说服了的村民们按照宋就的意思，组织了一些劳动力，每天晚上挑水去浇楚国的瓜地。楚国的村民发现后，果然惭愧得无地自容，从此之后，再也没有碰过梁国的瓜秧。

宋就的做法，就是弱者的"进道若退"，虽然有点儿不着痕迹，但还是达到了预期的效果。以梁国的国力而言，若是硬和楚国冲突，结果不言自明，所以他也只能退；但他退得非常高明，很有策略，表面上吃了个小哑巴亏，却在楚国百姓心中留下个好印象。“退一步海阔天空”并不只是心灵上的放松，也能得到实在的好处和乐趣。

◎宠辱不惊，守住自我◎

“名”和“利”是人生活在世界上绕不过去的坎儿，无论你是穷困潦倒，还是富贵显达，都免不了与名利打交道，自然也少不了为名利伤神烦恼。虽然人人心里都知道，名和利其实是身外之物，但是，却很少有人能够躲过名利的诱惑，他们一生都在为名利所劳累，甚至为名利而生存。无数人以牺牲自我为代价追逐名利与财富，其结果便是陷于世俗的泥淖而无法自拔。

洪应明撰著的《菜根谭》是一部论述修养、人生、处世的著名文集，里面有两句话很为人称道：“宠辱不惊，看庭前花开花落；去留无意，望天空云卷云舒。”寥寥数语，却深刻道出了一个有智慧的人对事物、对名利应该持有的态度：得之不喜，失之不忧，宠辱不惊，去留无意。淡泊名利不仅是人生态度，更显示了一种从容，是对人生和世界深彻感悟之后的一种超越。唯有宠辱不惊，守住自我，才具备了强大的心理动力，清楚地知道自己想要什么，不要什么，能明白什么是该争的，什么是应该放下的，与范仲淹的“不以物喜、不以己悲”实在是异曲同工。

宠辱不惊，去留无意，说起来容易，做起来却十分困难。我辈俱是凡夫俗子，滚滚红尘，大千世界，名与利皆是你我所欲，让人“得之以喜，失之以悲”的事物实在是太多。据《清代皇帝秘史》记载，乾隆皇帝下江南时，曾和纪晓岚来到江苏镇江的金山寺，看到山脚下大江东去，百舸争流，码头上人声鼎沸，热闹非凡，他不禁兴致大发，随口问一个老和尚：“你在这里住了这么多年了，你可知道，这江面上每天来来往往多少船？”老和尚淡淡地回答说：“在我的眼里，只看到两只船。一只叫名，一只叫利。”老和尚的话可谓一语道破天机。

中国知识分子历来是“学而优则仕”，投身于政坛的文人墨客非常众多，很多混得并不如意，甚至遭遇不少坎坷，苏东坡是其中很特别的一个。苏大学士为何号“东坡居士”呢？因为他被王安石的变法派贬到湖北的黄冈时，曾经靠着朋友送他的几十亩薄地为生，这块地被他叫作“东坡”，“东坡居士”由此得名。

像大多数对政治有野心的文人一样，苏东坡的仕途也不太顺利，他家世良好，从小有经国之志，22岁中进士，26岁又中制科优入三等，入仕后积极进取，奋发有为。他为人坦荡，在王安石厉行新法时持反对态度，当司马光废除新法时又持不同意见，结果多次受到排斥打击。

然而，苏轼一生屡遭贬谪，未能充分施展他的政治才干，先是遭遇“乌台诗案”，后来变法反对派代表人物司马光去世后，变法派又把他贬到岭南、广东惠州。他不以为意，在《纵笔》绝句中写道：“白头萧散满霜风，小阁藤床疾病荣。报道先生春睡美，道人亲打五更钟。”这份自在与安然着实让他的政敌气得吐血，不久他就被流放到海南岛的中部，新帝登基大赦时才重回江南，最后病逝于江苏常州。

苏轼虽然才高八斗，却也是凡人，对苦难，对坎坷，并非麻木不仁，对加诸其身的迫害，心中也并非毫无芥蒂，他之所以一直豁达平和，随遇而安，和他的心态是分不开的。苏轼除了词人的敏感之外，还具有越乎常人的乐观，他把儒家固穷的坚毅与超然物外的老庄思想结合起来，以一种全新的人生态度来对待接踵而至的不幸，执着于自己的理想追求，同时又蕴含着坚定、沉着、乐观、旷达的精神，因而，不管遭遇多少挫折，依然保持着浓郁的生活情趣和旺盛的创作活力。

人生在世，若能做到不为名利所累，实在很难得，这样的人总能怀着对理想、对美好生活的向往，以理智和从容的态度对待尘世的种种诱惑和坎坷，固守着人的尊严和人格。只有做到了宠辱不惊、固守自我，方能心态平和、恬然自得，方能达观进取、笑看人生。

人生原本坎坷，受到挫折时固然不能就此一蹶不振，成功时更要稳住心气，受宠不惊，不要居功自傲，要学会宠辱不惊。大凡成就大事的人，他们的成功都取决于为人处世的方法。真正大智慧的人能够做到稳住心气，低调谨慎，把自己的成就掩藏起来，把成功的光环戴在别人的头上，有时甚至功成身退也不失为良策，这不仅仅是一种姿态，更是一种智慧。

三国时期，谋臣如云，各为其主，单是曹操手下就有郭嘉、荀彧、荀攸、程昱、贾诩等最得他倚重的几大谋臣，还有如杨修之类不下数十人，可谓人才济济。荀攸是其中并不高调的一个，无论在《三国演义》中还是正史上，他给人都是少言寡语、低调行事的印象，然而这正是荀攸的高明之处。

荀攸跟随曹操二十余年，智慧超群，谋略过人，曾辅佐曹操破袁绍、擒吕布、定乌桓，他表面不动声色，不事张扬，经常与曹操密谋，外人很少知道详尽内容。

在曹操谋取袁绍的冀州时，荀攸尽心竭力地出谋划策，使得曹操顺利地打败袁绍。但当有人问起时，他却回答说自己什么都没做，闭口不提自己的卓著功勋。史家称赞他是“张良、陈平第二”。曹操势大以后，集团内部的相互竞争也很激烈，荀攸却始终在残酷的内部倾轧中处于稳定地位，既得曹操的信任，又得同僚敬重。没有一人在曹操面前进谗言陷害他，更没有做过让曹操不悦的行为。

曹操曾对荀攸这种低调做人的心态作了精辟的总结：“公达外愚内智，外怯内勇，外弱内强，不伐善，无施劳，智可及，愚不可及，虽颜子、宁武不能过也。”对曹操这种深谙谋略的主子而言，“功高盖主”往往是大忌，荀攸早就洞悉了这一点。无论是谋划战争策略，还是处理军中内外事务，他都能稳住心气，宠辱不惊。不管自己有多大的功劳，从不邀功，不请功，表现得谦虚谨慎，宠辱不惊。在他死后，曹操痛哭流涕，说：“孤与荀公达周游二十余年，无毫毛可非者。”

如果我们都能以淡泊的心态去看待名利与财富，不计得失，不惊荣辱，我们活得就会比别人轻松得多。放下身段，宠辱不惊的低调处世方式，并不像表面上看起来的那样麻木迟钝，不知喜怒哀乐。事实上，它是一种通彻世事之后的沉着与通达，将内敛退让的人生智慧发挥得淋漓尽致，对自己的事业发展更为有利的同时还能够保命安身，得以善终，这又何乐而不为呢？

第三章 埋头做事，蛰伏中等待时机

◎柔弱胜刚强，取胜之道◎

以柔克刚，源于老子“贵柔守雌”的思想。“人之生也柔弱，其死也坚强。草木之生也柔脆，其死也枯槁。故坚强者死之徒，柔弱者生之徒。是以兵强则灭，木强则折。”这句话的意思是说，人之初生时，柔弱到了极点，而到老年时，骨头会僵硬坏死。和草木的生长一样，草木初生时也柔弱，到秋天也枯黄变硬，所以，兵将过于强大反而不能获胜，树木过于高大则离受摧折不远了。因此，老子说：“柔能制刚，弱能制强。”

据说，孔子有一次专程去拜访老子，向他请教“道”的学问。老子张开嘴，问他：“我的牙齿还在吗?”孔子回答他：“不在了。”老子又对他吐了吐舌头，问他：“我的舌头还在吗?”孔子回答：“在。”老子道：“这就是我所说的‘道’。”孔子顿时恍然大悟，明白了老子的意思，一个人年事已高时，最坚硬的牙齿全都掉光了，可是看上去柔弱的舌头还是完好无损。世间坚硬的东西难以保全，而柔软的东西却可以长久。

明朝人严讷，人称严相公，为官方正严明，任人唯贤，能破格超擢人才，使得吏治一新，深得朝廷重用，仕途上一帆风顺。在他刚过不惑之年的时候，就官至礼部尚书，后来又担任掌管全国人事大权的吏部尚书。

严相公辞官之后，准备在城中为自己建造一所住宅，草图大致已规划完成，唯独隔邻的民宅有根梁柱突出，挡住了宅院的大厅。严家人和这户人家交涉了很多遍，对方坚决不肯让出这栋房子，说是祖传下来的基地，任凭出价再优厚，也绝不能相让。

工头非常生气，将此事禀告严相公。严相公为官多年，学生下属遍布天下，找个理由“整治”这家人太容易了，工头建议采取强硬措施，要店主立即搬迁。严相公却说：“先等等，你先开工干别的，把那个大厅留着以后再说。”

这户人家以卖甜酒为生，等工程开始后，严相公吩咐家人，日常家用所需的甜酒全都到那家小店去买，并且每次总是事先付款。那家小店原本生意清淡，生活拮据，每天的收入不足糊口，现在生意一下子多了这么多，就只夫妇两人，每天都忙得供不应求，不久就因人手不足而招募工人。严相公又主动请人来给他们做帮手，帮手多了之后，严相公又为他们介绍了不少新的买主，让他们的生意越来越多。

随着生意的扩大，此家的屋内到处堆满了米谷、豆类，石缸的数目也成倍数增加，添置的酒缸等器物用具也把小店堆得满满当当，屋内的空间自然益显狭窄。他们非常感激严相公以德报怨，对自己当初拒绝迁居的做法深感愧疚，于是自动写下契据，将屋舍让给严相公。严相公用城中一间较大的屋舍与他交换，店主非常高兴，没多久就搬家了。

生活中免不了磕磕绊绊，当你和别人发生冲突时，一定要具备有容乃大的气度，凡事多隐忍，而不是仅凭一时意气，任意行事。柔能克刚，是智者处理事情的策略。柔中含刚，刚中存柔，刚柔相济，不偏不倚，才是智者为人处世的正道。正如中国传统的“太极图”，在一个圆圈中有一个白色的阳鱼和一个黑色的阴鱼，阳鱼头抱阴鱼尾，阴鱼头抱阳鱼尾，两者互相纠结，恰成一圆形；阴鱼当中有阳眼，阳鱼当中有阴眼，相互包容，相互激发，相互转化，这个小小的太极图包含了为人处世的最高准则——“柔道”。

刘秀是以“柔道”兴汉、以柔治国的皇帝，不论是军事、政治还是外交等方面都颇有成效。刘秀的为人，治军用到治国事例，早已证明“柔道”比“刚道”更加行之有效，其事半功倍、为利久远之特点，更是“刚猛之道”所远为不及的。

刘秀自小就性情柔和，不计小是小非，亲和友善。刘秀兄弟最初起兵的时候，粮草短缺，军中战马远远不足以应付，很多军士为了争抢战马发生争执，甚至闹得不可开交，身为首领兄弟的刘秀却从来不介意有没有战马，即使得到了战马，也主动地将马让给其他军官，自己一直骑着起兵前卖谷所用的一头牛。直到后来棘阳大捷，他才有了第一匹很不起眼的战马。但是到了最后，得成大业的却是刘秀。

直到成为东汉开国皇帝，刘秀的身上都没有开国君主的悍厉气息，还是那样温和宽厚。《资治通鉴》里讲到刘秀时，经常用一个“笑”字，表现出一种恢宏大度、亲近谦和的风度。

据说刘秀成为皇帝后，曾经回过一次老家。从小就熟悉他的老人对他说：“你从小就脾气好，温和过了头，现在当了皇帝了，这可不行，要拿出点威严才行。”刘秀笑着说：“吾治天下，欲以柔道行之。”

刘秀以“柔”得天下，也以“柔”治天下，对于朝臣，他很少以威权压服，而是晓之以理，有时候他做错了，便笑着接受，丝毫不觉得丢面子。比如有一次，湖阳公主的奴才杀了人，惧怕雒阳令董宣的刚正不阿，躲在公主的府里不敢出来。董宣不畏权势，当着湖阳公主的面强行处决了他，湖阳公主大怒，告诉了刘秀。

刘秀起初也很生气，召见董宣想好好教训他一顿，董宣也不是好惹的，当场反抗，大喊道：“陛下圣德中兴，而纵奴杀人，将何以治天下？”刘秀的脸上挂不住了，就让他象征性地给公主道个歉就算了，董宣依然不肯。

湖阳公主见状，嘲笑刘秀说，“当初起事时天不怕地不怕，现在当了皇帝了，反而怕这样一个小官员了？”刘秀笑道：“做了皇帝，当然不能和平头百姓一个样子了。”于是放过了董宣，还开玩笑地称他为“强县令”，赏赐他30万钱。其为人宽宏大量可见一斑。所以，东汉的直臣、忠臣特别多，正是因为有刘秀这样宽宏大量、以理服人的英主啊。

老子认为，柔弱胜刚强，这才是取胜的关键法门，争强好胜，常常争不到什么，反而自毁其身；凡事让三分，可为自己今后的工作做好铺垫，还能得到别人的敬重与拥护。就如老子思想中的“道”，贵柔主静，收敛光辉，不露锋芒，看似柔弱，实际是在积蓄能量。在生活中，与他人发生冲突时，如果一味地逞强，以硬碰硬，必然造成两败俱伤的结局。

◎用守愚来化解对手的锋芒◎

在中国人的处世思维中，“守愚”演变为一套内容极其丰富的韬光养晦之术。从做事的角度看，大智若愚体现为以静制动，以暗处明，以柔克刚，明为内敛、实则进取的战略。聪明者往往自恃聪明，骄傲自大，从而导致失败；而为人所诟病的“愚笨者”却通过巧妙的伪装，化解了对手的锋芒，获得了最终的胜利。所以，所谓的“阳谋”如果以“阴谋”作为伪装，很容易骗过对手，获得成功，这是厚黑谋略的一大特色。

“斗鸡”名义上斗的是鸡，其实斗的是战略。据斗鸡高手所说，在斗鸡场上胜率最大的鸡往往并不是最凶悍好斗的那只，而是看上去愚笨迟钝的“木鸡”，它貌似木讷呆板，然而锋芒内敛，以不变应万变，对对手的挑衅与干扰置若罔闻，眼睛紧紧盯着对手，它们不出手则已，一出手必打击对手要害，致对方于死地。相反，那些跃跃欲试、张牙舞爪的斗鸡却总是轻易被对手看出破绽，最后落败。

老子曾说过“挫其锐、解其纷、和其光、同其尘”，意即为“不露锋芒，消解纷争，挫去锐气，收敛光耀，混同尘世”，对这句话，那些惯经风雨的智者总是了解得格外深刻，每当身处一些微妙场合，或者在面临生命威胁的紧要关头，智者无不期期艾艾，大智若愚。

商朝末年，商纣王荒淫无道、暴虐残忍，以杀人为乐。其心自知淫乐过甚，问左右之人，人人都装糊涂，“尽不知也”。又问贤人箕子，箕子深知“一国皆不知，而我独知之，普其危矣”，于是亦装作昏醉，“辞以醉而不知”。

比如，那位见过大风大浪的“过来人”对老子的名言“挫其锐、解其纷、和其光、同其尘，是谓玄同”理解得格外深刻，因而每当身处一些“特殊关系”的微妙场合，或者在面临生命威胁的紧要关头，韬晦者无不恬然淡泊，大智若愚。

这种低调做人之术历朝历代都有发展，纵观历史就可得知，许多成大事者，在功成名就之前都有过韬晦的历史，明明胸怀雄心壮志，对外却以弱者的姿态出现。所谓“大智若愚”，重在一个“若”字；“若”给人一种愚蠢的假相，在这种假想下，掩饰了当事者真实的野心与才华。

厚黑学的专家李宗吾在评价曹操这个人物时说：“三国英雄，首推曹操。他的特长，全在心黑：他杀吕伯奢，杀孔融，杀杨修，杀董承、伏完，又杀皇后、皇子，悍然不顾，并且明目张胆地说：‘宁我负人，毋人负我。’他心之黑，真是达到了极点。有了这样的本事，当然称为一世英雄了。”

其实，曹操不光有“黑”的一面，还有“厚”的一面。在三国，曹操可以称得上是用兵的专家，但他在某种特殊情况下，却会故意露出马脚，让对方误以为自己决策失误，从而麻痹大意，而当对方松懈下来的时候，曹操再突然出手，一战得胜。

比如，曹操在官渡之战结束后、扫荡袁绍剩余势力时，前去攻打冀州，冀州的守城将领审配为袁尚的心腹大臣，颇有谋略。曹操在数攻不果之下，采用许攸的计策，决定挖掘壕沟，引水淹城。

曹操仔细勘察地势之后，先让士兵在城外周围40里的地方掘壕堑。为了避免引起审配的警觉，曹操暗地里关照士兵们，把壕沟挖得浅一些。审配在城上见曹军在城外掘堑，但掘得很浅，暗笑说：“想用水灌城，这倒不失为一个方法，但是，必须要深沟才能蓄水，掘这么浅，有什么用？看来曹操也只会纸上谈兵而已。”

审配看轻了曹操，不加防备，正中曹操的下怀。到了晚上，曹操增加10倍的士兵连夜挖掘，到天亮时，壕沟已宽深达到两丈。审配一见，吓一大跳，还没有来得及作出反应，曹操已经下令开始放水灌城。不久城中水深数尺，又加上粮草缺少，士兵无心应战，审配的侄子偷偷开城投降，曹操终于顺利夺取了冀州。

曹操本身是个智谋过人的军事家，但在他的战争生涯中，却多次采用“守愚”的策略，使对方误以为其考虑不周，犯下错误，而起轻视之心；而曹操却等对方疏忽大意之时，忽发进攻，迅速破敌。从破冀州一役来看，曹操引漳河水淹城，对任何一个将领而言，都不能不考虑到地势问题，于是，在白天，曹操掘浅沟，审配见面笑之。事实上，他哪里知道，此策是在愚弄他，这正是曹操的高明和审配的疏忽。

人人都有自尊心，都愿意在人面前表现得聪明，事实上真正的聪明人是不会轻易卖弄聪明的，只有那些愚蠢的人会自作聪明，结果是聪明反被聪明误。装“傻”却不但需要真正的聪明，也要有胸怀和风度，既能够愚，也要愚得起。

在中国历史上，越王勾践可谓是个里程碑式的人物。勾践作为一个亡国之君，为了复国忍辱负重、卧薪尝胆，不惜以君主的身份屈尊服侍吴王，终究得以复国，这在中国历史上开了一个先河。

勾践为夫差所败后，本想自杀，后来采纳大臣范蠡的意见，放弃一国君主的尊贵，偕夫人和大臣前去吴国为奴，伺候夫差。夫差有意把他囚禁在一个石室里，要他守坟、喂马。

勾践忍辱负重，自称贱臣，对吴王执礼极恭，吃粗粮、睡马房、服苦役，比夫差手下的小奴仆还不如。此外，夫差生病，勾践前去问候时，还掀开马桶盖观察夫差刚拉的大便，体贴夫差的病情。在长达3年的时间里，他始终面色如常，这都不是一般人能做到的。

3年后，勾践被释放回国。勾践回国后，立志发愤图强，准备复仇。他晚上枕着兵器，睡在稻草堆上，还在房子里挂上一只苦胆，每天早上起来后就尝尝，以示无忘亡国之耻。他亲自到田里与农夫一起干活，妻子也带同侍女纺线、织布。勾践的这些举动感动了越国上下官民，经过10年的艰苦奋斗，越国终于兵精粮足，转弱为强。

洪应明的《菜根谭》中有一句话：“鹰立如睡，虎行似病。”意思是老鹰站着的时候像是睡着了，老虎走路的时候像是有病一样。这些凶猛无比的动物在面对它的猎物时，往往表现得很“含蓄”，甚至故意让猎物觉得自己正在睡觉。做人也是一样，想战胜自己暂时无法战胜的强大敌手，应该尽量放低身段，在对方面前收敛锋芒，用守愚来化解对方的疑心，等待时机成熟，东山再起。

◎放下身段，用合作代替竞争◎

《圣经·创世纪》中有个故事，讲述人类的创始者们为了传扬自己的威名，决定修建一座通天的高塔。由于大家语言共通，通力协作，通天塔修建得相当顺利，很快就高耸入云了。上帝得知此事，非常惊慌，以区区人类的力量，能建造起这样的高塔，日后还有什么办不成的事情呢？于是，上帝决定让人世间的语言分裂成好多种，各种方言就这么产生了。这样，由于人类之间语言不通，沟通经常出现误会、错误，合作的力量慢慢下降，再也没办法办成大事了。后来有个著名的电影《通天塔》，就是根据这个著名的寓言故事改编而来。

合作所产生的力量如此惊人，连上帝都害怕，由此可见，要想在事业上有所成就，就应该学会放下身段，积极和他人配合，这样能比那些拒绝合作的人早一步抓到好机会，而且能抓住的机会也会更多。在这个世界上，合作现象比比皆是，而且合作会产生 $1+1>2$ 的现象，就如，有了螺丝和螺母的合作，机器才变得无缝可钻；有了五根手指的合作，才具有拳头的力量。

有两个远行的人路上断粮了，遇到了一位大方的施舍者，一个人要了几条鱼，另一个要了一根鱼竿，然后，两人各奔东西。拿鱼的那个人将鱼吃完没有几天就活活饿死了；另一个想找条河去钓更多的鱼，结果还没走到河边，也饿死了。如果他们俩当时并没有各走各的路，而是精诚合作，一起去找条河钓鱼，那么既有了可以果腹的鱼，又可以不停地钓鱼，不仅不会饿死，反而会成为共历患难的好朋友。难怪哲学家威廉·詹姆士说："如果你能乐意与人合作，不论做任何事情，你都可以无往不胜。"

人的身份是一种"自我认同"，但往往这种对自我的认同反而会成为限制。怀有这种认同感的人常常会想：我是这样的人，所以我不能去做那样的事。所以博士不愿意放下身份去银行当柜员，高级主管不愿意主动去找下级职员谈心，知识分子也不愿意去摆摊，他们认为，如果那样做，就会有损于自己的身份。

实际上，放下身份的人比放不下身份的人在竞争上多了优势，因为他们懂得合作，而且乐于合作。也许有些高傲的人也愿意合作，但肯定没有放得下身份的人更顺利，因为，当共同做某件事时，你以低姿态出现只是一种表面现象，是为了让对方从心理上感到一种满足，使他愿意合作。这种心理状态对你的事业非常有利。相反，你若以高姿态出现，处处高于对方，咄咄逼人，对方内心里就会感到紧张，而且容易产生逆反心理。

一百多年前，在英国曼彻斯特一家酒店，一个以汽车制造技术见长叫查利·劳斯的"高富帅"偶然与另一叫亨利·莱斯的"穷屌丝"相遇。他俩对一个共同话题——汽车谈得十分投机。亨利·莱斯当即建议两人携手合作造汽车。于是，汽车史上最伟大的名字劳斯莱斯诞生了。

亨利·莱斯由于家境穷苦，十几岁就在一家铁路打工，半工半读才勉强完成学业。同多数机械才子一样，亨利在造车方面有强烈的兴趣，发誓要自行设计出一辆汽车。

相比于平民出身的亨利·莱斯，劳斯莱斯的另一个创始人查利·劳斯则出生于英国贵族家庭。在剑桥读书时他就买了一辆标致轿车。当他从剑桥大学毕业时，已是一名驾车高手了。

1902 年，查利·劳斯开始做汽车生意，他的“劳斯公司”很快成为英国最有实力的汽车经销商之一。1904 年，他在曼彻斯特看到莱斯生产出的两缸发动机汽车，受到极大震撼。劳斯一下子就意识到这就是他想要的高质量的汽车。他立即把莱斯的这辆车借到伦敦，并介绍给他的合伙人克劳德·约翰逊。

于是，两个特别的男人开始了劳斯莱斯的传说。亨利·莱斯先生是一个工程师和实干家，而具备商业头脑的查利·劳斯先生是一位机敏的商人，有雄厚资本的灵活的商业手腕，两人的合作堪称天衣无缝。虽然劳斯与莱斯两人的出身、爱好与性格完全不同，但对汽车事业的痴情狂热与执着追求，使他们成为了一对出色的合伙搭档。劳斯莱斯的车标，外框为长方形，中间分上中下三格，上下格由两个人的名字组成，车标中重叠在一起的两个“R”分别代表罗尔斯和罗伊斯姓氏的第一个字母，喻示两人融洽、和谐的合作关系。

劳斯和莱斯这对天才拍档在短短几年就将这个品牌打造得登峰造极，直到两人相继去世后，这个关于贵族和平民精诚合作的故事才结束。他们去世之后，他们的继承人把车前代表两人名字的红字双 R 改为黑色，以示哀悼。

在当今世界，任何具有重大意义的科学研究、理论探索、技术工程等，都不可能只凭借个人单枪匹马地奋斗就能完成，团队的力量远远大于一个个单独的优秀人才的力量。例如，1961 年，美国实施的长达 10 年的“阿·波罗登月计划”，合作者将近 42 万人，涉及两万余家公司、120 所大学。

如何才能长久且愉快地与人合作呢？简单点说，就是放下身段，在合作中，心态要平衡，宁可自己多付出一点，少得到一些，也不要因为某些小事不欢而散，更不要认为自己比对方高明而摆出处处高人一等的样子，因为离开了合作，自己也可能一事无成，帮助合作者实际上就是在帮助自己。合作是一种能力，更是成功的途径，唯有善于与人合作，才能获得更大的力量，争取更大的成功。

◎耐得住寂寞，自然能一飞冲天◎

寂寞不一定都能通向成功，但所有的成功必然要经历一段同寂寞奋斗的过程。在平淡中坚守自己的信念，以坚忍的持久力和意志力达成自己的目标。有过寂寞的年月，才会撇开物质的羁绊，做事情更加投入和纯粹；有时间和精力去刻苦钻研，认真陶冶，才能成就一番事业。就如荷马史诗中《奥德赛》中的奥德修斯，在经过女妖所居的岛时，塞住耳朵，捆住自己的手脚，战胜了海上女妖魔法的诱惑，终于回到朝思暮想的家园。

人生要耐得住寂寞，才能成功。王国维在《人间词话》里说："古今之成大事业、大学问者，必经过三种境界：'昨夜西风凋碧树，独上高楼，望尽天涯路'，此第一境也；'衣带渐宽终不悔，为伊消得人憔悴'，此第二境也；'众里寻他千百度，蓦然回首，那人却在灯火阑珊处'，此第三境也。"

美国前第一夫人希拉里·克林顿，被公众认为是美国历史上最有实权的第一夫人，也是一位富有争议的政治人物。在奥巴马当选总统之后，她出任美国国务卿，成为美国第三位女国务卿。然而，这样一位杰出的女人，生命中并不总是光彩四射，自她踏足美国政治舞台后，负面新闻不断，有关她的整容、乳房、性事、老公、婚外恋的谈论充斥了美国人的日常生活，而希拉里对此安之若素，她的精神力量之强大坚强让人极为佩服。而以一个女强人作为奋斗目标的希拉里，平时里总是不断地告诉自己：只有忍受孤独才能最终成功。

希拉里·克林顿还在学校求学时，就将自己定位于“孤独的学者”，不仅沉下心来做学问，还时刻提醒自己，为自己敲响警钟：生活中的诱惑如此之多，太过陷入其中，肯定会阻碍自己前进的脚步。

希拉里有自己的理想，就是成为美国首位女总统。所以，她必须拼命学习。当希拉里和热心政治的男同学们一起探讨国际形势、民生、外交等问题时，和她差不多年龄的女同学正在逛街、购物、约会中消磨着自己的青春时光。对别人来说这种生活枯燥无味，而对希拉里来说却有滋有味。

希拉里听说卫尔斯利女子大学政治学教授安托尼·塔马托也是一位崇尚孤独的学者，就如《瓦尔登湖》里的主人公一样，一个人跑到密歇根湖畔的偏僻房子中做学问。希拉里慕名去拜访他，做这位教授的助手，一待就是好几个月，收获颇丰。

在寂寞的历练之下，希拉里的内心越来越坚强，在举国闻名的克林顿性丑闻中，希拉里承受着普通女人难以忍受的痛苦，依然为风流的丈夫辩护说：“我坐在这里是因为我爱他。”希拉里还拍摄了她穿着连衣泳装与克林顿在沙滩上温存的照片，使所有对她的责难为之退缩。

耐得住寂寞是一种心境、一种智慧，蓄积着惊人的力量。耐得住寂寞的人，方能心境平和、宠辱不惊，抛开私心杂念，不浮躁，不盲从，保持正确的人生态度和价值取向。从容不迫，世事于我如浮云，在纷至沓来的诱惑面前，坚强稳定，认清自我，向着自己的目标前进。

很多人都渴求成功，也知道怎样能成功，但却很少有人能做到。一个人若想功成名就，有所建树，就要经历孤独寂寞之路。古往今来那些伟大的发明，那些被世人赞叹的惊世绝作，都是在孤独中诞生的。“十年寒窗无人问，一举成名天下知。”而每位成功者也都是在孤独中满怀热情，坚持不懈地努力，为了自己的事业忘我地付出，直至取得成功。“两弹一星”的元勋们，就是深居大漠，甘于寂寞，才让中国的航天事业震惊世界。数学家陈景润就是数年寡居陋室，才解开了“哥得巴赫猜想”。詹姆斯·卡梅隆是20世纪最引人注目的导演之一，他曾经拍摄过一部有史以来最卖座的影片《泰坦尼克号》，《泰坦尼克号》成为当时投资最为昂贵、票房收入最高的电影。然而，《泰坦尼克号》之后的卡梅隆，却意外地退出了公众的视线，之后，他一直没有拿出什么特别出彩的作品。直到14年后，他携带着电影《阿凡达》回归，再次创下了电影史上的奇迹。

《阿凡达》是电影史上又一座里程碑，超越了卡梅隆以前拍摄的《未来战士续集》《异形续集》，一跃成为史上最卖座的电影。《阿凡达》在全球公映后，票房已轻松达到惊人的27亿美元，不出意外，这个数据将在未来很长的时间里无人能超越。这部将3D技术贯穿始终、故事性尚可、视觉效果无与伦比的影片的观看经历大大超出了人们的预期。

据说，卡梅隆在14年前就开始构思《阿凡达》的剧本，为了完成理想中的完美作品，他为之准备了14年，终于厚积而薄发，创造出了电影史上的奇迹。

人生中，寂寞是难以摆脱的，它如同喜怒哀乐一样，时刻伴随着我们。在一粒芝麻与一颗西瓜之间，你一定明白什么是明智的选择。一个胸无大志、目光短浅的人，是断然耐不住寂寞的，因为能吸引他注意力的东西实在太多。但是，假如你有着追求事业的良好心态，那就请你平心静气，抵制诱惑，站稳立场，始终以平和的心态抵制世事的困扰，多一点理智反省，少一些牢骚怨气，不断提高自我，完善自我。

◎脚踏实地，根深才能叶茂◎

无论多么枝繁叶茂的参天大树，都是从小树苗长起来的，但是，并不是每一棵小树苗最终都能长成参天大树。为什么呢？因为大风一刮，有一些脆弱的小树会被刮倒；暴雨一冲，有一些小树会被冲走，而最终能够在这一波又一波的暴风骤雨中存活下来的，往往是那些深深扎根于大地的树苗。也就是说，树要参天，“基础”的工作一定要先做好，根基一定要牢，基础底子打好了，才能枝繁叶茂。

老子说：“合抱之木，生于毫末；九层之台，起于垒土；千里之行，始于足下。”一棵两人合抱的参天大树，是从微小的根芽生长起来的；九层高的高台，是由一层一层的泥土慢慢堆积而成；长达千里的远行，也是从脚下第一步开始走出来的。做人更是如此，谁都想出人头地，都在抱怨自己付出的太多，得到的却太少。实际上，越是想一步登天，就越是要先“处下”，把基础打实，脚踏实地，这实际上是一个学习和积累的过程，再聪明和再有实力的人，也莫能例外。

宋代名臣司马光就是这么一个大智大慧的人。司马光为北宋时期著名文坛领袖，又是朝廷重臣，可谓风光无限。宋神宗熙宁年间，司马光因为强烈反对王安石变法，请求外任，判西京御史台，自此居洛阳 15 年，不问政事，专心著书。

在这段悠长的岁月里，司马光主持编撰了294卷近400万字的编年体史书《资治通鉴》。为编写这部书，司马光下足了功夫，翻阅了大量的书籍资料，当时的国家图书馆里所有书籍几乎都被他翻阅过。在主持编书的十几年时间里，他的工作量十分惊人。据说他为自己规定，每三天修改一卷，一卷史稿抄在纸上有四丈长，平均一天要修改一丈多，如果有紧急的事情耽误了他的工作，事后必须补上。他修改过的书稿堆满了整整两间屋子。书法家黄庭坚曾看过其中的几百卷，发现这些书稿全部是用工笔楷书写成的，没有一个草字，足见工夫之细。

为了这部书，在一生中的大部分时间都过着优裕生活的司马光可谓是吃足了苦头。司马光的住处夏天闷热，蚊虫又多，经常会影响到工作。司马光便让人在屋子里挖一个大坑，砌成一间地下室，冬暖夏凉，好让他安心著书。而当时皇帝的另一个宠臣王宣徽，每到夏天便到名园高楼上避暑享受，人们笑说："王家钻天，司马入地。"

"脚踏实地"最难得的就是持之以恒，只有这样，才算是真正的脚踏实地。我们看看司马光是怎么做的。每天晚上，他为了赶进度，以至于老仆人总是比他先睡，他自己点上蜡烛工作到深夜，第二天凌晨又起身继续工作。由于太过疲倦，他害怕睡觉睡过头，就让人用圆木做了个枕头，枕在这个枕头上睡觉，他只要稍稍一动身，头就会落到枕头下，人也就惊醒了，然后他就继续工作。天天如此，19年如一日。这个枕头被后人称为"警枕"。

就是因为这样的脚踏实地，最终才使得司马光收获了丰硕的成果，他的《资治通鉴》与司马迁的《史记》并称"双璧"。完书后他上表神宗说："臣现在确实老了，身体衰弱，骨瘦如柴，牙齿也掉了不少，而且记性也不太好了，刚刚做过的事情，转过身就会忘记。臣的精力全都耗费在这部书里了！"

俗话说得好，“地基愈厚，愈能载高；础石愈厚，愈能负重；湖床愈厚，愈能纳深；人性愈厚，愈能受众。”老子说：“是谓深根固柢，长生久视之道。”儒家的代表人物之一荀子说：“不积跬步，无以至千里；不积小流，无以成江海。”佛家也认为苦修之后才能有顿悟，这都是在注重一个“循序渐进”的积累过程，也都是在强调一个脚踏实地的问题。

中国古时候有一位射箭的能手，名字叫甘蝇，据说箭不虚发，只要他一拉弓放箭，就一定会射中猎物。飞卫跟着甘蝇学射箭，射箭的本领比师父还高，达到了“百发百中”的境界。有个叫纪昌的人，慕名而来，向飞卫请教射箭之术。

飞卫没有教他如何射箭，而是对他说：“你要学射箭，先学会不随便眨眼睛再说吧。”纪昌很听话，回家之后，开始苦练不眨眼之术。他让妻子在他的床前织布，他仰头睡在织布机下，妻子在织布机上织着布，他看着脚踏板一上一下地翻动，强迫自己的眼睛不随眼前移动的物件而眨动，这样不间断地坚持了两年时间。练成之后，纪昌很高兴地去报告飞卫，问自己能不能开始练箭了。

飞卫对他说：“还差得远呢，你还得继续锻炼眼力。把一个很小的东西看得很大，把一个细微的东西看得很清楚才行。达到这样的程度，再说练箭的事情吧。”

纪昌回到家，练起眼力来。他用一根牛尾巴上的毛拴上一个虱子，挂在窗户上，每天朝南目不转睛地望着。果然，10天之后，虱子渐渐地变大，又看了三年，那牛毛上的小虱子在他眼里就大得像车轮一般了。现在，他看别的什么东西，都像是座小山。

飞卫告诉他：“你现在可以开始练箭了。”于是，纪昌便用北方出产的角做了一把弓，用南方出产的竹竿做成了箭，用心学习练箭。他用箭去射拴在牛尾上的小虱子。最后，他的箭射穿了小虱子的中心，而那细细的牛尾却没有断。飞卫高兴地告诉他："功夫不负有心人，你终于学到我的本事了。"

做人行事讲究深根固柢，只有先沉寂一时，扎稳根基，才能在日后成就一世。要练就高超的技艺，必须下一番苦功夫，从打基础开始。没有"锄禾日当午"的辛劳，哪来五谷丰登？没有十年寒窗，怎会有一举成名？古人有云："吃得苦中苦，方为人上人。"就是这个道理。只要放下身段，刻苦勤练，什么奇迹都能创造出来。

"有种胜利叫撤退，有种失败叫占领"，这是电视剧《潜伏》当中的一句台词。初听似乎有点令人不明所以，实际上，这个道理和"下跳棋"有点儿类似。下过跳棋的都知道，下跳棋必须借助"搭桥"才能前进，而且中间不能有阻碍，如果只是一味地前进，很可能会止步不前；如果能眼观六路，根据形势前进，后退或者左右迂回，就能走得更远。以退为进，是一种更胜一筹的策略。

战斗中，"前进"和"后退"是两种基本态势，中国传统的兵法里，并不是太在乎"进"或者"退"的表面状态，讲究的是，"攻"就要像"动于九天之上"，以雷霆之势出击，让对方措手不及；"守"就要"藏于九地之下"，蓄势待发，先自保，再伺机前进。至于到底是"进"还是"退"，应依据形势而定，"打得过就打，打不过就撤"。所以说，撤退，其实是为了更好地前进。

三国时，诸葛亮的"空城计"一直为后人称道，但这毕竟是演义之言，多为后人所疑。而在历史上，却有一个真实的"空城计"，就是南朝时刘宋大将萧承之在济南设下的。

南朝刘宋时期，都城是建康（今江苏南京），占领了南方大部分区域，北方被北魏占领，南北边境常有些小摩擦。南朝宋文帝元嘉七年，宋国派兵北上伐魏，直逼济南。济南地势紧要，属南北之争要塞，双方围绕济南，曾进行过多次拉锯战。防守济南的是宋国历城太守萧承之，一位有勇有谋的大将。面对大军压境，城内军民惊慌失措，但是，当时城内只有数百军民，抵抗是万万不能，逃走也来不及了。太守萧承之面对此危境，却从容不迫，下令偃旗息鼓，士兵隐蔽起来，并大开城门。

萧承之的部下对此大惑不解，问他："敌人大军压境，我们不考虑赶紧迎敌，反而把军士都撤走了，让敌人长驱直入，这样一来，不是自取灭亡吗?"萧承之从容地道："正是因为敌我实力悬殊，所以不能示弱，一旦表现出我们能力不足，对方肯定大举攻城，后果不堪设想。所以，不如反其道而行之，以退为进，把城门都打开，北魏军士看到这种情形，怀疑城中有重兵埋伏，或许还有一线生机。"果然，萧承之大开城门之后，魏军见历城城门大开，以为宋军设有埋伏，反而不敢进来，在城下徘徊了一阵便退去。这场名副其实的"空城计"，正是兵法"实则虚之，虚则实之"的巧妙应用，不仅保全了自己，而且战胜了敌人。

"知其雄，守其雌，为天下谿。"是老子的话，这是为什么"前进"和"撤退"的缘由。为什么要后退？因为自身实力不足，是弱势一方；而对方处在强势一方，所以你要退，避其锋芒，"为天下谿"。但是，这里的撤退不是永远的示弱和甘居下风，而是"为天下谿"，目的是积蓄力量，将来能更好地"进"。事实证明，萧承之所以不正面迎敌，而是表面撤退，使他与全体将士"自保而全胜"。

中国历史上的五代时期，16 岁的蜀后主孟昶即位，用现代人的观点来说，还没有成年，是个稚嫩的毛头小伙。辅佐他的朝臣们都是他父亲的老臣旧将，他们自恃功高资历深，根本不把年幼的皇帝放在眼里。孟昶即位不久，大将李仁罕便欺负他年幼，屡次提出非分要求。孟昶年轻势单，迫于形势，表面上接受了李仁罕的条件，任命他为中书令，主管六军，然而暗中埋伏军队，等李仁罕消除警惕后，一日进宫朝见时，命令武士将他捉住，当场处死。

孟昶的做法，颇有后来康熙擒鳌拜之风。李仁罕虽然被杀，但他的外甥张业手握军权，如果他以为舅报仇的名义而起军，后果不堪设想。孟昶此时羽翼尚未丰满，于是千方百计加以笼络，甚至把他封为宰相，暂时稳住了张业。到了公元 948 年，孟昶自觉诛杀奸臣的时机成熟，于是又用诛灭李仁罕的办法，处死了张业。至此，孟昶才真正掌握了蜀国的政权。

孟昶作为没有掌握实权的一国之主，由于势单力薄，不得已选择了守势，“藏于九地之下”，隐忍负重，蒙蔽了大多数朝臣，最终大获全胜，正是因其深谙兵法“若进若退”之妙。

李渊也应用过类似的策略。公元 616 年，李渊被诏封为太原留守，经常受到突厥侵袭。由于李渊实力较弱，在突厥的支持庇护下，其他的叛军纷纷落井下石，让李渊防不胜防。

李渊图谋中原，不愿与突厥过多纠缠，不顾群臣的反对，以谋士刘文静为使，向突厥屈节称臣，其实这只是他的缓兵之计。突厥贪图眼前之利，果然与李渊修好，此后，兵力薄弱的太原再也没有受过突厥的侵犯，其他的叛军也不敢轻举妄动。

李渊的深谋远虑收到良效，在征战中原的时候，始毕可汗还送给李渊不少马匹和士兵，为他完成帝王霸业奠定了坚实的基础。

李渊在内忧外患的情况下，暂时退让，因为他知道只有这样做，才能使后方稳固，才能为进攻中原这个更大的目标创造有利环境。不可胜在己，可胜在敌，在双方的拉锯战中，正需要适时地进攻和防守，“退”是一种手段与权宜，而不是目的与逃避，如果事情的发展不利于展开攻势，就必须先转入防守，然后待机进攻，必能达到“先自保，再取胜”的战略胜利。

第四章

淡泊世事，看天边云卷云舒

◎世态炎凉，以平常心看待◎

人人都希望在生活中春风得意，事事顺心，可是事情不会总像你希望的那样发展。当你“春风得意马蹄疾”时，赞美和欢呼声都围绕着你，可能觉得还没什么，但是，一旦遭遇挫折和失败的时候，形势就发生了急剧转变。

其实，世态炎凉，人情冷暖是非常平常的事，智者早已将此看透，古今共有，中外同然。《隋唐演义》中就说：“世态炎凉，古今如此。”人情有冷有暖，但是我们却不应该被这个左右自己的情绪。世事不停变幻，人情有浓有淡，明智的人不应该因为这个欣喜或者厌倦。深谙人情世故的智者早已将此看透，对于世间一切毁誉褒贬，尽看作过眼浮云，所以不管世事人情如何翻云覆雨，他都无动于衷，而往往就是这样的人，从挫折中爬起来得也更快，因为他的心理负担更小。

周勃，西汉开国功臣，汉高祖封为绛侯，是跟随刘邦打天下的老臣，不管是平韩信，还是铲除吕后，都立下了汗马功劳。然而，他也受到了很多开国功臣都会受到的“待遇”——因为被人诬陷有谋反之心而下狱。一向养尊处优的周勃哪里受过这种苦？牢狱中的生活之恶劣，简直超出了他的想象。而狱吏对这位曾经的“大将军”也不再尊敬，认定他这辈子再难翻身，更是对他趾高气扬。

周勃身蒙冤狱，又备受狱吏凌辱，处境之艰难可想而知，从来自视甚高的周勃只好委曲求全，放下大将军的架子，用重金向狱吏行贿，以求在监狱里的日子过得舒服些。

出乎大家意料，几经周折之后，周勃居然得以无罪释放，恢复了原有的爵位和封地。走出牢狱的周勃感慨不已："吾尝将百万军，然安知狱吏之贵乎！"此时，欺负过他的狱吏吓得哆哆嗦嗦，而周勃深知，世态炎凉乃人之常态，若是与之太过计较，反而显得自己肚量不大，并没有对狱吏有什么报复行为。

比周勃稍晚一点儿的著名将领李广，也曾经受到过这种不公正的待遇，由于心胸狭窄，气量不足，下场让人倍加感慨。大将军卫青率领军队出征匈奴时，出于汉武帝的授意和自己的私心考虑，故意让李广的部队绕远路，结果在大漠中迷失了方向，没赶上与匈奴作战。但是此事并没有造成严重后果，卫青的部队还是找到了匈奴主力，只是没抓到单于。

卫青要向武帝报告这次行动失利的原因，于是派遣他的长史去质问李广为什么迟到？李广自然不把他放在眼里，心想你不过是一个刀笔小吏，哪有资格问我，不予回答。长史于是绕过李广，让李广的部属回答，以给李广难堪。

结果，这个举动惹火了这位老将军。回到军营，李广越想越不是滋味，心想："想我一生与匈奴打了七十多仗，一直打到这么大年纪，好不容易有了与单于面对面交战的机会，却又被卫青这个后辈小子排挤，自己又不争气迷了路，这难道是天意吗？我已六十多岁，怎么说也是功劳不小的老将了，如今又受刀笔小吏的折辱，怎能咽下这口气呢？"想到这，李广悲愤不已，拔刀自刎。人们在痛惜一代名将的下场时，不免感叹他这种狭隘的心胸才是真正的杀人凶手。如果李将军能够对人情冷暖一笑置之，下场怕也不会是如此悲惨吧。

佛家有云："世上本无事，庸人自扰之。"能够以置身事外的平常心态去看待周围的环境，必然会少了许多忧愁烦恼。如果能以正确的心态去面对苦难和悲伤，这些挫折往往还会在不经意间转化为人生的一种财富。

先秦时，鬼谷子的学生苏秦很想像他的师兄庞涓、孙膑那样，统军征战，名扬天下。为此，他曾求见周天子，却没有引见之路，一气之下，他变卖了家产，只身到别的国家找出路去了。

但是他东奔西跑了好几年，也没做成官。后来只好回家。家里人看到他一副落魄样，趿拉着草鞋，挑副破担子，人人都懒得搭理他。他饥肠辘辘地回到家里，可是他妻子坐在织机上，只顾埋头织帛，连看也没看他一眼；他求嫂子给他做饭吃，嫂子也不理他，扭身走开了。

备受白眼的苏秦决定这辈子非出人头地不可，他等不及休息，立即打开书箱，从数十本书籍中挑选出了姜太公的兵书《阴符》。他认定这就是当代君王最需要的学问，于是，借助微弱的烛光埋头诵读，反复推敲揣摩，想睡觉了，就用针狠狠地扎自己。这样，通过一年不懈地苦读与钻研，他自认为学业已成，功名富贵，当唾手可得。这次，他为自己策划了与前"连横"策略相反的宗旨，目的地也截然不同。

苏秦选择的是赵国，他在赵国华丽的宫殿里，与赵王谈得非常投机。赵王大悦，遂"封苏秦为武安君、授相印"，还赏赐大量财帛黄金，请苏秦按其方略去联合各国，从而削弱强秦的力量。

苏秦不孚重望，当了赵相后，施展他的雄辩才华，各国果真陆续断绝了与秦国的外交关系，一时之间，秦国之外的广大天下，几乎都被苏秦所支配和左右，可谓"所在国重，所去国轻"。

苏秦的"咸鱼翻身"，为天下有才无财的穷小子们作了绝妙的励志教材，他在这段威权最盛的日子里，黄金无数，随从如云，车骑连绵，所到之处畅通无阻。

一日，苏秦赴楚国游说楚王，路过家乡洛阳城，他想起好久没有回家了，也该回家看看了。结果，父母听到他回来了，张乐设饮，出城30里去迎接他；妻子见他回来，都不敢正眼看他，只是偷偷地看他的脸色；嫂子像蛇一样趴在地上，拜了几拜才敢起身。苏秦问其嫂嫂："你为什么先前对我那么不屑一顾，而今又这么低三下四呢?"嫂子回答得非常直率，让苏秦无话可说："因为您现在地位尊贵而且很有钱呀!"

然而，今日之苏秦已非当时初出茅庐的愣小子了，对世态炎凉、人情冷暖，早有了亲身的体验，他自嘲道："唉，人生在世，功名和富贵果然是忽视不得啊。"

对世态炎凉的感受或认识的程度，是随年龄的大小和处境的不同而很不相同的，年龄越大，处境越坎坷，则对世态炎凉感受越深刻。然而，归根结底，我们都是普通人，不可能让世界为我们改变，所以我们只能去适应社会，得意时，不骄傲；失意时，不气馁，这样才能在发展自己事业的过程中具备更好的心态，从容面对一切困难。

◎富贵平常事，看开不看破◎

有一个被人们用滥了的典故，据说乾隆游江南时，在江边眺望景色，看见江上帆船林立，往来如织。他问身边人，那些船上的人在干什么？一人回答："这里的船只虽然很多，但我只看到两只，一只叫'名'，一只叫'利'。"

世人熙熙，只为名利，再能称智者，概莫能过。大千世界，滚滚红尘，充斥着各种各样炫人耳目的名利诱惑，吸引着人们不停地往上爬，再往上爬，要做到淡泊名利确实是一件不容易的事情。然而，能够跳出名利圈、逍遥过此生的人决不是没有。如老子说：“金玉满堂，莫之能守，富贵而骄，自遗其咎，功成身退，天之道也。”有眼光的人在富贵权势面前尤其要知足，更要知止，灿烂至极归于平淡，才是一种至高的人生境界。

当年刘秀统一天下之后，成为东汉开国皇帝光武大帝，突然想起了他以前的同学兼好友严子陵的才华。刘秀很想将严子陵吸纳到他身边来，便张贴皇榜，派人四处寻访。然而严子陵就是避而不见。光武帝不甘心，后又多次派人去找，终没有收获。这样，严子陵在朝野上下出了名。

为什么刘秀一直找不着他呢？原来严子陵为躲避找寻，跑到泰山去了，后来，有人发现他反穿着裘皮袄在湖泽中钓鱼。刘秀得知之后，急忙派遣使者，备了华丽的马车，让官吏无论如何一定要把严子陵请回京城。严子陵自然坚拒，于是这些官吏只好硬把他拉上官车，带回京城。

当晚，刘秀亲自登门看望严子陵，可是他躺在床上都没动。刘秀没有恼火，反而笑着拍拍严子陵，说：“老同学，你就看在我们是同学交情不错的份上，帮帮我吧。”严子陵说：“我实在不喜欢做官，你就不要逼我了吧。”

晚上，刘秀在宫中宴请严子陵，并留他同床睡觉。严子陵也不推辞，躺在御床上，叉开双腿沉沉入睡。睡到半夜，不知是有意还是无意，居然把一条腿架在光武帝身上。而度量甚大的刘秀也不惊动他，就硬挺着不动。

次日清晨，刘秀起床之后，钦天太监惊慌失措地闯进宫门，奏道："陛下，昨夜天象显示客星犯帝座。"刘秀恍然大悟，哈哈大笑道："有此事吗？可能是昨日朕与故人严子陵共卧的缘故吧。"

相持了几日之后，刘秀终于死了心，以严子陵母老为由，允许其离京归家隐居。严子陵回到富春山，每日都在富春江上的一个台子上钓鱼，后人把这个地方称为"严子陵钓台"。

严子陵推辞名利，此后逍遥终年，被认为是中国古代知识分子出将入仕这一人生理想之外的另一种典范。北宋名臣范仲淹任睦州知州时，写了一篇《严先生祠堂记》，留下了四句流传千古的诗："云山苍苍，江水泱泱，先生之风，山高水长。"

其实，中国的传统思想并不提倡人们"不事王侯，高尚其事"，淡泊心灵不能淡泊事业。为贪图私利而做官固然可耻，为个人清高而隐居也不值得推崇，不能什么都看透了、无所谓了，那不是真"淡泊"，而是一种消极、一种麻木。不是要逃避富贵，而是要面对尘世间纷繁复杂的各种诱惑，包括富贵名利等，要心如止水，恬淡不躁，"得势淡如云，富贵平常事"。

唐玄宗开元十六年，一个年仅 7 岁的儿童奉旨来到皇帝和宰相张说面前。这孩子聪明颖悟，敏锐过人，君臣惊呼果然不凡。他不是别人，正是日后辅佐唐肃宗、代宗、德宗三朝的政坛奇才李泌。

安史之乱始，李泌登上了政治舞台。一亮相，就表现出了卓越的军事、政治才能。肃宗灵武即位之时，李泌从战场态势和敌我优劣入手，精辟地作了分析，对皇帝说："以臣料之，不过两年，天下无寇矣。"并为肃宗制定了平叛的方略。可惜肃宗太过急躁，没有完全贯彻李泌的战略，让平叛事业一波三折。

肃宗治国，可谓一日离不开李泌，否则便束手无策。在协助皇帝制定经济政策、稳定边疆关系等方面，他都有卓越的建树。然而，李泌把功名利禄看得轻如白云，他一生的最大追求，就是到南岳衡山做个修道的隐士。当天下大乱时，李泌慨然出山，平复天下，但长安收复后，他便果断地离开了权力中心，隐居衡山修道。

唐代宗继位后，又把他请了出来。为了能让李泌留下，代宗下旨将当时一个名门望族卢氏的女儿嫁给李泌为妻，并赐他豪宅。然而，无论是荣华富贵，还是出将入相，都无法动摇李泌的淡泊之志。他始终把自己当成朝堂的“局外人”，而且随时准备抽身回归。

唐肃宗将京师收复后的一天，李泌晋见肃宗，两人同桌共饮，同榻而眠，可见君臣两人关系非同一般，但李泌并没有因自己是皇上的宠臣骄纵自己。李泌曾四次被排挤出朝廷，又四次回到朝廷，且一次比一次更受重视，这在中国历史上是不多见的。李泌的机智处世和豁达定位，使他的大脑始终处于较为清醒的状态，他因为没有官欲，不屑功名利禄，不结党营私，时刻以世外神仙自居，甚至不惜以荒诞的形式宣示于众，最终功成身退。

李泌的选择是政治智慧，也是一种明智的人生抉择。人生下来就是趋利的，追逐财富和物质上的享受，是每一个正常人都会有的心理倾向，但是，对功名富贵，要“看开而不看破”，一切都看破，就会消极退缩，失去竞争的原动力。提倡“看开而不看破”，就是不要斤斤计较于名利得失，不要刻意去追求名利，应该积极反思，规划未来，以便自己站在更高的起点上，拥有一个更开阔的视野。

◎成事在天，尽人事听天命◎

人活在世上，有很多事值得我们努力，但同样也有很多事情，即使你再努力，也无法准确地预测到它的成效。比如说，当你“春风得意马蹄疾”时，有些事可能一出手便事半功倍；但有些时候，喝口水也会呛着喉咙。因为，有太多事是不以人的意志为转移的，所以会有这句话，“谋事在人，成事在天”。但是，这并不意味着我们要放弃努力，对于一些正确的、有积极意义的事情，即使明知希望渺茫，也要坚持自己的信念干到底，因为尽到自己的最大努力，便是问心无愧。

某一天，孔子带着学生子路从某国回来。走到石门，天色已晚，便住了下来。负责掌管石门的人问子路：“你们从哪儿来的?”子路说：“从孔氏那里。”掌管石门的人笑道：“是知其不可而为人者与?”也就是如今人们常说的：就是那个明知道做不到还要做的人吗?

“知其不可而为之”，既可以解释为意志坚决，有时也表示倔强固执。其实，孔子并不是诸葛亮那种“鞠躬尽瘁，死而后已”的人物，在他的著作《论语》里，孔子说过：“饭疏食饮水，曲肱而枕之，乐亦在其中矣。不义而富且贵，于我如浮云。”吃着简单的饭菜，枕着胳膊，望天上的云彩流动，便是无上的乐趣，功名富贵，对他来说有如浮云。还有一次，他问他的学生，各自的志向如何，但是，对学生提出的“安邦定国”等理想，他都微微一笑，不置可否。直到曾皙从容地说：“我的理想，就是穿上整齐干净的新衣裳，带上几个好友，大家一起去刚刚开动的沂水中趁着春水把自己洗涤得干干净净，然后到鼓乐台之上，沐着春风，唱着歌谣，在大地复苏、春风萌动的季节，把自己融汇进去，然后，我们大家就高高兴兴唱着歌回去了。”一直没有表态的孔子，长长地感叹了一声，说：“我的理想和你是一样的。”

孔子的形象为何会如此矛盾？众说纷纭。其实孔子自言“四十而不惑，五十而知天命”。对于人生的起落，他有着极明晰清楚的感悟。对世人，他温良恭俭让；对上天，他柔顺温婉。他自言“君子有三畏：畏天命，畏大人，畏圣人之言”；又道，“不怨天，不尤人”。可见，对待天，对待命，孔子的态度是积极的，就是“尽人事而听天命”。他虽然屡次表示天下无道，可以卷而藏之，但他自己一生都在孜孜不倦地教人，风尘仆仆地奔波。但是，在心里，他深知事情的成败由天注定，他只能尽人事听天命。

做事情不可功亏一篑，要有恒心、耐心。大丈夫自强不息，只要努力勤干，就会积少成多，最后取得成功。若半途而废，就会前功尽弃。是前进，还是后退，皆在于我，不在于人。唯具有此种精神，若真正尽到了人事，老天也会佑护的。

电影演员帕特·奥布瑞在纽约最初从影时，很不顺利，制片人和导演都拒绝起用他这样的新人。后来，通过不少渠道，他终于参加了一出小剧团的话剧演出。但这出剧同样也不受欢迎，大剧院也不给他们安排场次，他们只能在一些小剧院演出，甚至有时候，还得到一些学校去免费给学生演出。

奥布瑞的同事们非常苦闷，他们想了很多办法，改剧情、换台词、请名演员，什么方法都想尽了，观众仍然不多，甚至一度决定放弃这出没有前途的剧作演出。

有一天，奥布瑞去教堂时，偶然听到牧师教导大家：“无论干什么事，无论有什么结果，都要尽力而为，上帝会给我们最好的结果。”这给了他很大的启发。他决定尽心尽力演下去，不管同事们如何反对，不管观众们如何耻笑，他都认真出演，他把自己的潜力发挥到极致。每次演完戏，他都是满身大汗。有时，自己也觉得这样干很愚蠢。但是，他开导自己：我做的任何事，上帝都看得清清楚楚，如果上帝让我成功，那我肯定不会白做，如果上帝不想让我成功，我至少也享受到了追求理想的乐趣。而且，我问心无愧了。

几个月后，奥布瑞突然接到了一个著名大导演的助理的电话，那个助理告诉他，大导演刚买下了一部畅销书的版权，打算把它拍成电影，想邀请奥布瑞参加。奥布瑞欣喜若狂，但是，他不明白为什么好运会降临在他头上。

后来，这部电影的导演刘易斯·米尔斯顿把其中的原委告诉了他：米尔斯顿不久前来纽约访问，想看看纽约的戏剧发展，于是，在剧院里随意地买了几张票，正好看到了他的演出。“你有一场戏非常出色，”刘易斯说，“就是你在桌子边和别人争吵的那一幕，非常传神，我一看见就印象深刻了。”后来就有了他们俩的合作，这就是帕特电影生涯的开端。

人在世上，要追求的东西很多，但是，不管做什么事，都应该有一个好的心态，应仔细想清楚，一旦决定之后，就要全力以赴。不做就不做，要做就好好做。如果已经尽心尽力，那就问心无愧。但是，人世间有很多事情，不是人力可及的，大环境的变化，也不是人可以掌控的，有些事情我们就算尽了力，也不一定如我们的意，这个时候，就只有“听天命”了。“听天命”之前，一定要先“尽人事”，让自己尽到99%的努力，否则凡事随便混，事事听天命，那就是对自己不负责任了。

◎名利身外之物，得失随心◎

古代的知识分子，对功名和权力都有十分明确的目标，只求一朝及第，身价倍增，妻贵子荣。比如说吧，人生四大喜事中，“金榜题名时”名列其中；中国读书人，寒窗苦读做学问的最高境界是“学而优则仕”。出将入相历来是中国知识分子读书的最好归宿。所以，大诗人李白早年也写过《上韩荆州书》，借书信之口说出“生不愿封万户侯，但愿一识韩荆州”的愿望，以求其引见赏识。就连落魄江湖、身无分文，沦落到要去卖刀的杨志，也念念不忘“博个封妻荫子”。可见，名利对人的吸引力了。直到现代，情形也没有根本改变，要不然，为什么从古代的科举到现代的国考，“公务员”热总是一波高过一波呢？

对于金钱、名利、地位这些东西，很多人嘴上说是“视为粪土”，但实际上还是“看得破，忍不过”，对于名利，总忍不住还要去争一争。结果呢？却让自己失去得更多，实在是得不偿失。庄子曾经很尖刻地用一个小故事讽刺过这种心态：有一回，韩魏两国发生了小纠纷，双方为了领土问题互不相让。韩国的昭僖侯为此烦得几天吃不下饭。

有一天，子华子去见昭僖侯，见他还在为边境纠纷寝食难安，于是说：“听说有一种神奇的‘天下书铭’，谁拥有它，就能拥有天下，不过，如果用左手握着它，右手就会残废，右手握着它，左手就会残废。现在假如它就在您的面前，您愿意伸出手，把它抓在手中吗？”

昭僖侯笑道："这还用说吗？天下固然重要，怎么能比得上自己的双臂重要？寡人当然不愿意。"子华子说："很好啊！这样看来，你看重自己的双臂，比天下重要得多，而和天下比起来，韩国又微小得多，现在发生争夺的地方，只不过是韩国一个小地方，您又何必如此烦心，把自己的身体都置之不理了呢？"

"非淡泊无以明志，非宁静无以致远"，古人这寥寥数语，道出了关于名利、人生、追求的许多真谛。我们时常抱怨生活得太累，就因为我们跳不出名和利这个"笼槛"。真正看开的人，生死祸福等闲视之，不太执着于权势的追逐或金钱的得失，而是心境安宁，回归自然，"看庭前花开花落，望天边云卷云舒"，宠辱不惊，笑看风云。名利无非是身外之物，得无足喜，失无足悲，这才是智者所为。

人活在世上，不是生活在真空里，无论贫富贵贱，穷达逆顺，要生存、要发展，都离不开名利二字。正因为太多的人看重人生的成败得失，视成功和名利为人生第一要义和最高目标，辗转反侧，却求之不得，才会出现那么多的悲剧。萨克雷的《名利场》是一本讲述红尘中的俗人追名逐利的书，书中的女主人丽蓓卡·夏普一生追求名利财富，最后却看透了名利，在全书的结尾，作者用感伤而又无奈的语气说道："唉，浮名浮利，一切都是虚无，我们这些人里面谁是真正快活的？谁是称心如意的？就算当时满足了心愿，以后还不是照样不满足？"人在这个世界上，只不过是一个来去匆匆的过客，名和利，都是过眼烟云，是身外之物，生不带来，死不带去，与其一生为它所累，不如活得实实在在、快快乐乐。

居里夫人是科学史上少有的美丽与智慧并重的女子，也是第一位两次荣获诺贝尔奖的伟大科学家。当她和丈夫出名之后，访问者、求学者、采访者接踵而来，极大地打扰了他们的生活，为此他们不得不躲到偏僻的乡村去。好不容易有一个记者找到他们，居里夫人很坦率地告诉他："在科学上，你还是应该关注研究成果，不要太过于关注人。"有一天，她的朋友到家中做客时偶然看到，居里夫人的小女儿手里当玩具不停玩弄的是英国皇家学会的一枚金质奖章。朋友不解地问道："玛丽，你拿到这个奖章可不容易啊，怎么能让孩子随便拿着玩呢？"居里夫人笑了笑说道："荣誉就是玩具，只是看看而已，我可没打算永远守着它。"

中国的著名科学家袁隆平也是这样一位淡泊名利的人。在全国道德模范颁奖晚会上，主持人敬一丹说："袁先生，今天我终于见到您了，每一次活动评选的晚会上，总是见不到您。"袁隆平只是对此报之一笑。据报道说，全中国杂交水稻年种植面积2.4亿亩左右，每年增产的稻谷可以养活7000多万人口。7000多万意味着什么？对中国这样一个人口大国而言，每个人都能掂出其中分量。以他的成就而言，如果他申请专利的话，或许现在是中国最富有的人，只要他愿意，杂交水稻专利就是让他以及他的子孙后代取之不尽的"聚宝盆"。但他完全不把财富放在心上。金钱面前，袁隆平自己仅仅是满足于最基本的生活需求。

在如今这个注重现实利益的社会里，名利和财富被大多数人作为衡量一个人成功与否的标准，这本身并没有错。但人生的目的和意义并不在于是否成为富翁或者高官，而在于是否努力去完成自己想做与该做的事，去尽情享受实现目标过程的美好。把名利看成身外之物，放下身段，得失随心，得到了欣然接受，失去了泰然处之，对万事万物都保持这种平和的心态，才能堂堂正正做人，认认真真做事。

◎塞翁失马，福和祸的转化◎

人世间是变化无常的，好的事情也会变坏，有的时候坏的事情也会出现好的方面。就如老子说：“祸兮福之所倚；福兮祸之所伏。”此言具有一定的辩证法思想内涵。祸是造成福的原因，而福又含有祸的因素。也就是说，好事和坏事是可以互相转化的，只要有一定的“催化剂”，福就会变成祸，祸也能变成福。

读到这句话，我们自然就会想到塞翁失马的故事。的确，这个故事也是对这句话的最好注解。故事中的老人生活在边塞，就叫塞翁，家中颇有资产。有一天放牧归来，他发现家中的一匹马走丢了，边塞民众大多是以畜牧业为生，马在他们生产和生活中的重要地位不言而喻。

塞翁失马的消息很快传开，很多邻居前来慰问，却意外地发现老人好像没有把这事放在心上。于是，就有邻居问他：“您家里的马是真的丢了吗？怎么看上去您一点儿都不伤心呢？”

老人回答：“我的马的确丢了，可是我为什么要伤心？这看上去是坏事，实际上说不定是好事呢。”

来看他的人都大惑不解。但事实让他们大跌眼镜，由于跑丢的这匹马是公马，没过几天，它征服了一个马群之后，就又跑回来了，还带回来好多母马。

丢马竟然能变成得马，不少人称赞塞翁果然是料事如神。可是塞翁并不高兴，反而皱着眉头来了句：“这可不一定是好事啊。”

塞翁不愧是智者，失不哀，得不喜。他的邻居就没有这么高的修养，都觉得他是故作姿态。但是，事实再一次验证了老人的先见之明。他的儿子在放牧的时候从马背上摔了下来，腿断了。

邻居知道后又来安慰塞翁，塞翁还是一副高深莫测的表情，有些刻薄的邻居就开始说风凉话了："你的儿子腿断了，难道这也有可能变成好事吗？""谁知道呢？"塞翁回答他。

没多久两个国家开战，这个村子的所有壮年都被拉去当兵，只有塞翁的儿子因为断腿而幸免。

人活在世上，岂能不遇到磕磕绊绊？很多时候宠辱得失不是自己能够控制的。对事事都应该抱有好的心态，放低身段，不怨天，不尤人，相信总有一天，好运会降临到自己身上，只有这样，才能从不幸之中挖掘出积极因素，转忧为喜，开拓出一片新天地！有时人们执着于某些事物，一定要得到，以为得到这些事物就是福之所在，殊不知福可能是暗藏祸机的。福未必一定永远是福，高兴过头了，往往乐极生悲。

20 世纪 80 年代初期，刘兰芳播讲的长篇评书《岳飞传》风靡中国大陆，成了当时人们的一个热门话题。《岳飞传》最悲之处是岳飞屈死风波亭，最喜之处乃是"牛皋气死金兀术"。

金朝的大将金兀术和岳飞帐下猛将牛皋两人是宿敌，在战场上屡屡对垒，称得上是生死冤家。有一次，两军交战中，金国大败，金兀术好不容易只身逃出，正在慌不择路时，两个人又狭路相逢了。

牛皋见到金兀术，眼睛都红了，大喝一声，腾离马背，朝石坎下一跃，金兀术兵败溃逃，正在心慌，没有反应过来，牛皋趁机就骑在金兀术的身上。

金兀术见骑在他身上的是牛皋，当时气得血冲脑开，一口大气没有喘过来，就死了。牛皋一见金兀术死在自己的手下，也仰天大笑不止，竟然笑死了。"气死兀术，笑死牛皋"的故事就这样流传开了。

这个例子有点儿演义的成分，但隐含的道理却很深刻：不管什么时候，心态都一定要保持好，人生起落可以来得很快，但人的情绪可不能跟着急速起落，谁知道大笑之后，会不会大哭呢？同理，有时人们在某些事情上吃了亏，反而可能因此避过了一些麻烦，甚至得到其他方面的好处。

美国的微软公司要在中国招聘一名实习生，实习结束后有可能成为微软的正式员工，招聘地点选在一所著名高校，无数优秀的学生报名。初试结束了，有30名学生成为候选人。考试结束后的第10天，是面试的日子，30名学生都集中在一家饭店等待面试。

韩云也是参加面试的学生之一，他的父母有留学经历，他能讲一口流利的美式英语，学习成绩、社会实践都很优秀，是一名十分强劲的选手。本来他很有希望得到这个位置，可是，在参加面试的路上遇上了堵车。他赶紧从公交车上下来，打算打的前往。

由于天气不好，打车的人很多，韩云看到有不少带着小孩的女士和老人都在等候，但的士总被别的人抢先截走。于是，韩云自动留了下来，替这些老人和女士一一拦到的士，最后他迟到了30分钟才来到面试场所。

他觉得自己也许已经错过了机会，于是变得懊丧起来。正在这时，他看见一个异国女人有些落寞地站在大厅一角，目光茫然地望着窗外，他想：身在异国的她是不是遇到了什么麻烦，不知自己能不能帮上忙？

于是，他走到这位异国女人面前，彬彬有礼地和她打招呼，然后向她做了自我介绍，最后他问道："夫人，您有什么需要我帮助的吗？"他流利的英语吸引了这位女士的注意，接下来两个人聊得非常投机，后来，他非常意外地被选中了。

在30名候选人中，韩云的成绩并不是最好的，而且他错过了面试时间，在重视守时的美国人看来，这是很严重的失误。但是他却“无心插柳柳成荫”。原来，那位异国女子正是面试的主考官之一，这件事在当时曾经引起很大的震动。“塞翁失马，焉知非福”。看似错过了大好机会，收获的却并不一定是遗憾。

有位名人说过，“没有永久的幸运，也没有永久的不幸”，虽然有些时候，我们总是会遇上各种各样的倒霉事，但是，要相信，厄运就像一阵风，它不会持久存在的，逆境达到极点，就会向顺境转化。迟早会有“否极泰来”的时候，只要你放低身段，积极地为改变厄运动手去做点什么，你总会有收获的。

◎顺其自然，凡事不必太计较◎

老子的《道德经》虽有五千多字，但其实仅用四个字就可以概括——顺其自然。比如“人法地，地法天，天法道，道法自然”。顺其自然不是与世无争，万事不管，更不是逆来顺受。“打落牙齿和血吞”，而是一种为人处世的至高境界。

翻翻报纸，看看新闻，总能看到很多社会的阴暗面，其实，每天发生在我们周遭的很多悲剧，往往就是因为太过执着而造成的。有的人太过执着于金钱，有的人太过执着于爱情，有的人太过执着于名利，总想得到太多原本不应该属于他们的东西，心态一失衡，难免就会作出出格的事情，给自己和别人都造成很大的伤害。

曾国藩还在读书时，有一位同学性情暴躁，因为曾国藩的书桌摆在窗前，那人就说：“你的桌子遮住了我的光线，赶快挪开！”曾国藩看他一眼，照他的话移开了桌子。等到晚上，曾国藩掌灯朗读，那人又说："平常不念书，夜深还要吵闹人吗？"曾国藩听了就改为默诵。

后来，曾国藩中了举人。传报到时，那人大叫："这屋子的好风水本来是我的，反叫你夺去了！"同学们都觉得那人无理取闹，纷纷替曾国藩抱不平。但曾国藩却毫不在意，和颜悦色地安慰他，涵养与气度确实不凡。

尘世间的诱惑如此众多，如权势、金钱、荣誉等，这些东西看似美好，但如果该放下的时候不放下，会成为我们心中沉甸甸的压力，压得我们喘不过气来。如果我们能学会"顺其自然"，将这些东西统统放下，压力自然就烟消云散了，心情自然就轻松愉快了。

一个少年跋山涉水，来到一个遥远的庙宇，向一位有名的禅师学习解脱之道。当他进入庙宇中时，发现禅院里一片荒芜，没有鲜花树木，只有一些稀稀疏疏的杂草，看上去显得萧条破败。

少年很想显示自己认真学禅的决心，于是，主动去集市买来了草籽，问禅师该种在哪里？

禅师笑道："你看看该种在哪里，就种在哪里，不必问我。"

少年认真地拔掉杂草，小心地把草籽撒在选中的地上，忽然起风了，把草籽都吹跑了。少年赶紧告诉禅师，禅师笑道："慌什么，随它去吧。你还能跟风作对吗？"

不一会儿，麻雀来了，吃了不少草籽。禅师又道："让它吃吧，鸟儿来到我们这里，没什么给它吃的，就让它吃点儿草籽吧。"

忙了一会儿，又下大雨了，把草籽都冲走了。禅师连眼皮都没抬一下："草籽的命运就是如此，随遇而安，不必计较。"

少年心里想，唉，干什么都不计较，怪不得这院子里连草都不长了。于是，少年悄悄地离开了庙宇，想再去寻找一位名师。

少年在外面晃荡了几个月，某日回到了这家庙宇，他吃惊地发现，禅院里居然长满了绿油油的小草，禅师正在草丛中对他微笑。

少年顿时明白了，什么叫“顺其自然”。

“顺其自然”并不是看破红尘后的一切无所谓，更不是在无所追求中的游戏人生，而是在于培养一种宽容博大的淡泊情怀。如佛教禅宗所言，所谓的“道”就是要坐就坐，热时取凉，寒时向火，随缘处事，不萦于怀。比如，范仲淹的“不以物喜，不以己悲”，李嘉诚的“好景时，绝不过分乐观；不好景时，也不过分悲观”，这样才是平常心。

有一个叫吉姆的幸运儿，幸运地中了一个大奖。然而，面对丰厚的钱财，他表现得非常淡然，将其中的大部分捐给了福利基金。人们大惑不解，他却说，“对我来说，这笔钱已经没有什么实质意义了，不如给别人，做更有意义的事，同时还能去掉我的负担。”

后来，因为投资失误，他整整损失了1亿美元，吉姆谈笑自若，人家问他：“你失去这么大一笔财富，你不痛心吗？”吉姆笑道：“就算我失去了这么多，我还是比普通人富有10倍以上，这是我的幸运，我有什么好伤心的。”

后来，吉姆遇到了婚变，他的妻子坚决要和他离婚。朋友们听说了，纷纷去他家，打算慰问他，吉姆笑道：“我就算少了一个妻子，还有5个孩子呢，我的快乐，比那些没有孩子的还是多多了。”吉姆这种放得下的心态，让他几乎没有什么烦恼。

人生在世，我们看重和不看重的东西各有不同，只有把不看重的东西清空掉，该放下时就放下，你才能够腾出手来，抓住真正属于你的快乐和幸福！人生幸福与否，完全取决于自己的心态；生活舒坦与否，就看你是否学会了放下。

有一位著名的医生，有一次去外地讲座时，见到一位70多岁的老太婆，身体很好，红光满面。医生问她："你有什么养生秘诀吗?"

老太婆摇摇头道："我不懂什么养生秘诀。"

医生问："那你平时喜欢吃什么，不吃什么。"

老太婆笑道："我没有什么不喜欢吃的，什么都爱吃，今天早上，我还吃了一大碗红烧肉呢。"

医生大吃一惊，道："按理来说，红烧肉动物脂肪多，您这个年纪，不应该吃红烧肉的啊。"

老太婆笑道："是啊，我儿子女儿也这么说，可是，我就是爱吃红烧肉，每次吃得还不少，身体也没有不舒服啊。儿子还专门给我找了大夫作了检查，大夫说，身体要顺其自然。"

是啊，人的身体也要讲究"顺其自然"，这在现在已经是一种普遍的养生观念了。想吃什么就吃什么，爱吃什么就吃什么，既然喜欢吃这些，就说明身体需要它。要是这也不能吃，那也不能吃，那身体哪来的营养呢?

做人要有一颗平常心，这个平常心就是要顺应自然之理，对人、做事不要太强求、太执着，要顺其自然。如果挖空心思去追逐、去攀求，就会让自己陷入被动的局面，甚至会危害我们的身心健康。当然，顺其自然不是守株待兔地消极等待，而是顺应客观实际去做，有条件就争取，没把握就放弃。反之，就要认真做好。

第五章 处世低调，圆通而不圆滑

◎放下身架，才能提高身价◎

人人都有架子，只是架子有大有小以及针对的人或事不尽相同罢了。也许你在家里是一家之长，在单位还管着几个“小兵”，架子当然不能没有。但是，架子也得摆得合适，要符合自己的身份和地位，摆得合适的话不怒自威，有威严，有气势；而不分场合、总好摆谱的人，以为那样能显示自己的“身价”与“威风”，反倒让人觉得是一种虚伪和浅薄。更有一种修养深厚的人，人们提起他，总要说到“某某人没架子”，这是对他发自内心的褒奖。

陕西的秦陵兵马俑被称作“世界第八大奇迹”，闻名世界。千人千面的兵佣可以让世人称道之处不知有多少，但是，很少有人会注意到，在秦始皇陵兵马俑博物馆，被称作“镇馆之宝”的是并不是那些身材高大、不怒自威的站立兵俑，而是一具跪射俑。不是因为跪射俑的工艺和技巧与其他兵俑有很大差别，而是因为，这具跪射俑是现存的保存最完整的、唯一一尊未经人工修复的秦俑。曾经看过秦兵马俑坑出土照片的人都知道，兵马俑刚出土时，完全不是我们如今所见到的模样，而是有不同程度的损坏，经过了无数次的修理清洁，才得以重现于世。但是，跪射俑从出土时，就保存得异常完整，为什么呢？原来，这得益于它的“低姿态”。

跪射俑和其他的兵俑都在一个兵马俑坑中，他的身高只有 1.2 米，而普通立姿兵马俑的身高都至少在 1.8～1.97 米之间，四周都是高个子，有什么“事”，自然是由他们顶了；更重要的是，跪射俑的姿势十分稳定，右膝、右足、左足三个支点呈等腰三角形支撑着身体，三角形是最稳定的一个形体，与两足站立的立姿俑相比，它更易于保护自己。跪射俑将自己的身子一再放低、放低……直到成了一个稳固的三角形，使加诸于自身的外界的破坏力减少到最低，因而得以保全。而其他兵俑因为是站姿，免不了损坏破折。因此，在经历了两千多年的岁月风霜后，它依然将自己保护得十分完整，它的“身价”才高于其他兵俑。

跪射俑的“低姿态”，反而最大限度地保护了它自己，就如飓风扫荡过的平原一片混乱，连高大伟岸的橡树也被拦腰折断，然而芦苇却坚强地活了过来。做人也是这样，一个人若能在人群中保持低姿态，才能出众而不自傲，地位崇高而不自骄，不但可以避开无谓的纷争，更不会招人嫉妒，给自己惹上麻烦。亚里士多德说过：“目标的高标准与身子的低姿态和谐统一，是造就厚重而辉煌人生的必备条件。”

我国前外贸部副部长、博鳌亚洲论坛秘书长龙永图，是中国复关及入世谈判的首席代表，在国内外经济学界声望极高，经常出国参加学术性会议。但是，他十分讨厌讲排场，而最喜欢人家这样介绍自己：“这是来自中国的龙永图，下面请他讲讲中国经济。”

龙永图曾经讲述过他亲身经历的一件事。一次，他远赴意大利的某个小镇出席一个国际会议，该镇风光优美，会议地点就设在一所外表极为普通的屋子里，会议室的装潢也极为普通，既无豪华沙发，也没有设置座位牌、引导员之类的服务措施，所有参加会议的人都坐着一模一样的普通长凳。

龙永图知道，出席这个会议的全是各个国家的重量级人物，但是，从外表上，他完全看不出这些人有什么特殊之处，每个人都按照到来的先后顺序随意就座。

龙永图刚在一条长凳上坐下，就有一位老太太走进来，自然地坐在他的旁边，向他微笑了一下。这时会议还没有开始，两人都有点儿无聊，便聊起天来。两个人天南地北地谈了很长时间，谈得十分愉快，那个老太太一直没有问龙永图是谁，龙永图一直忘了问老太太的身份。

会议结束后，龙永图想起了这件事，于是，他向会议主持人打听，“请问，刚才坐在我旁边的那位很健谈的老太太是谁?”会议的主持对他的提问感到十分惊讶，反问龙永图：“你真的不认识她吗，她就是荷兰女王啊!”龙永图大吃一惊，直到后来谈起这件事时，还感触颇深：“她哪有一点儿女王的架子和威严啊，简直就是一位邻家大妈!”

这也是角色意识的错位，但错得让人可爱、可亲、可敬！俗话说：“骡马架子大了能驾辕，人架子大了不值钱。”人一旦有了架子，就好比多了一层梯子，可以把人抬到与楼一般高；但同时也多了很多不便之处，弯不下腰，转不了身，看上去威风得很，其实虚弱得很。一些人之所以经常受到挫折和打击，不正是因为他们站得太高吗？所以，我们不妨放低自己，脚踏实地，站稳脚跟，然后再一步步登攀。放下身架不仅是一种境界、一种风度，更是一种哲学。

一代名医李时珍放弃行医，皓首穷经 40 年，方得《本草纲目》大成，面对天下盛誉，他不为所动，又回到他的药庐；一代飞人乔丹，称霸篮坛数年，但他永远都在准备“被别人超越”；微软执掌 IT 界牛耳，但其掌门人并未躺在功劳簿上睡大觉，而是专心研发，时刻提醒自己：“微软 18 个月就会倒闭。”……如此种种，怎能不让我们大彻大悟。

也许在多数人看来，低调的生活态度是平庸自卑的表现，没有远大理想，让人难以进步。但实际上，低调虽然看似柔弱，却有着比刚强更加有力的力量，柔弱不是怯弱，而是保持生命的低姿态，避开无谓的纷争，避开意外的伤害，才能更好地保全自己、发展自己、成就自己。

◎把握好“聪明”与“糊涂”的界限◎

生活中的每个人都希望自己有一双慧眼，能把纷扰世事看得清楚明白；每个人都希望自己聪明，喜欢在与人的交锋中显示自己的高明。但是，聪明与糊涂本身就有着难以理清楚的界限，糊涂只是相对聪明而说的。这个世界上真糊涂的人并不多，会装糊涂的人却并不少，生活中，真正的聪明人都是懂得糊涂的。古人云：“聪明有大小之分，糊涂有真假之分。”所谓做人难得糊涂，正是把自己的聪明智慧隐藏于假糊涂之中。

有一个著名的古玩专家去民间收集文物，在偶然的情况下，经过一家破旧的农舍。古玩专家想休息休息，于是进门去找农舍的主人讨口水喝。

他走进那间屋子，一眼就看到屋子的一角有一只看上去虽沾满尘土、实际上图案很精致的小碗，有一只小狗正对着小碗喝水。专家蹲下来仔细研究了这只小碗，确定这正是一件名贵的文物，轻易难得碰到。

古玩专家经常收购文物，深知如果表现得太过喜欢这只小碗，难免会被要高价，于是，他向主人提出来，要高价买下那只小狗，主人同意了。古玩专家又装作漫不经心的样子说：“把那小碗也顺便卖给我吧！我看小狗挺喜欢它的。”

憨厚的主人笑了笑，说：“那可不行，我还指着它多卖几只小狗呢!”

这虽然是一个笑话，但是从这个笑话中我们可以发现，这个主人真是一个会装糊涂的聪明人，他装糊涂的方式值得大多数自认为聪明者学习。

美国第九任总统威廉·亨利·哈里逊年幼时文静害羞，一脸木讷，很多人都喜欢捉弄他，以证实自己的高人一等。他们很喜欢跟他玩这个游戏——把一枚5分的硬币和一枚1角的硬币扔在他跟前，让他从这两个当中选一个，哈里逊总是拣那个5分的，从来不去拣那个1角的，让大家每次都哈哈大笑一通。

有一天，一个老太太问他：“你真是个傻孩子，不知道1角比5分多吗?”哈里逊还是傻傻地笑道：“我当然知道，可我不能拣那个1角的，如果那样的话，他们就不会扔钱给我了。”

从这两个小故事里，我们可以看出，“装傻”真是一门学问，其精深程度绝不亚于“聪明”。古代的庄子是极其推崇“装傻哲学”的，比如说那只看上去呆呆的、实际上战无不胜的“木鸡”。很多时候，“装傻”并不需要总是表现出来，也不是要人时时都“作假”，而是在需要时，懂得适时“装傻”。

在这个世上只要是懂得生存之道的人，就明白什么是糊涂，因为他需要用糊涂来保护自己。当然，聪明不是错，更不是罪，关键是要用好自己的聪明。聪明只能带来一时的成功，糊涂却能够最大限度地保全自己。所以，你要学会做一个会装糊涂的人，才可以逃避他人对你的敌意，才可以做自己要做的事，在一些特定情况下，尤其需要如此。

在古代，伴君如伴虎，君臣关系非常险恶，稍不留神，就会遭杀头、诛九族之祸。如何与皇帝周旋成了臣子们的头等大事，有时候聪明人也要装糊涂、显拙，王翦就是这么一个人物。

王翦，战国末期秦国著名战将，与其子王贲一并成为秦始皇兼并六国的最大功臣，杰出的军事指挥才能使其与白起、李牧、廉颇并列为战国四大名将。

当时，秦王嬴政想灭楚国，问各位将军需多少兵力。年轻气盛的李信认为20万足矣，而老将王翦则认为非60万不可。秦王心想：年纪大的果然胆子小，认为王翦人老胆怯，不如李信年少勇壮，于是命李信率20万大军南下伐楚。

王翦于是称病告老回乡，秦王也不挽留。谁知那李信被楚军打得落花流水，灰溜溜地逃回秦国。秦王这才明白王翦提出的60万兵力乃是经过深思熟虑的，并非胆怯。

于是他亲自前往王翦老家频阳，向王翦表示歉意，请他出山。王翦当然百般推辞，可君命难违，最终还是答应率60万大军伐楚。要知道秦王是一个聪明过人的人，这样的人一般防范之心也很重；何况，秦国初败，国力大减，60万秦军几乎相当于全国的兵力，他当然不会放心。王翦稍有不慎，立刻就会遭来灭门大祸。

王翦临出兵前，向秦王辞行，请秦王多赐给自己良田美宅，秦王说：“将军此去，若打了胜仗，何患贫穷？”王翦说：“我打了一辈子仗，没有积累下什么家当，就想趁着大王还看重臣下时，多赐些田地房屋，为我的子孙后代置业。”秦王大笑。王翦的军队行至关口后，又五度派使者回朝求良田。有人对王翦说：“你给自己讨赏，讨得也太过分了吧。”王翦却说：“秦王性格暴躁，又不信任人，我只有多请田宅，让他以为我并无二心，才会对我完全信任。”

事实证明，君主和大臣之间必须相互信任，才能同心协力完成目标，“将在外，君令有所不受”。如果君主怀疑下属心有异志，总是想尽办法去打探他的动态，必然导致一事无成。而手握重权的大臣为免除君主对自己的猜忌，不妨故意显示出一些常人所具有的小毛病，以示自己胸无大志，没有觊觎其地位的野心，这是一门很有技巧的学问。王翦竭力显示出自己只不过是贪妻恋子、庸庸碌碌的一介武夫，让秦王大放其心，才得以统兵安然而去，安然而回。

一个人想装糊涂并不是什么难事，但关键是如何做到“该糊涂时糊涂，不该糊涂时绝不糊涂”，要把握好这个度，这就是一种智慧，一门学问了。所以，把握好“聪明”和“糊涂”的界限，也许会使你恍然顿悟，它会带给你一种大智慧，也许，从一个侧面去解读生活，你将获得一种前所未有的达观和从容，真正的聪明人在别人眼中永远是一个糊涂者。

◎得意不忘形，才能马到成功◎

张爱玲的一句“要出名趁早”，引得“无数英雄竞折腰”。大家都急着在社会上争得一席之地时，却不知这样很容易头脑发热搞“大冒进”，惹来别人的眼红，给自己找下麻烦。俗话说：“人生苦短，不如意之事常八九”，有时，碰到些扬眉吐气的事情，得意一下固然无妨，但是，千万不要忘形！越是顺风顺水，越是要低调。

一般来说，人在得意的时候，就容易自我感觉良好，虚荣心会极度膨胀，甚至变得眼高于顶，往往形势就会急转直下，使人和事由盛转衰，甚至一蹶不振，出现乐极生悲的惨痛局面。所以，遇到得意事时，可以高兴，但不要放浪形骸，无所顾忌，尤其是不要忘记了自己的身份，做出不恰当的事情。

宋代著名大文学家苏东坡在评论楚汉之争时就曾说：汉高祖刘邦所以能胜，楚霸王项羽所以失败，关键在于两人的心胸。项羽，武勇古今无双，堪称中华数千年历史上数得着的勇将；刘邦是沛县小混混，才华无过人之处，不过是平头百姓一个。然而，刘邦能够养精蓄锐、等待时机，直攻项羽弱点，最后夺取胜利。

其实，刘邦绝不是不食人间烟火的圣人。他在沛县做亭长时，出了名的好酒好色，整天到处蹭吃蹭喝，连老婆都是在当地吕财主家“蹭”来的。当刘邦的军队进了咸阳，数不尽的金银财宝，富丽堂皇的宫殿和美貌如天仙的宫女们出现在眼前时，刘邦顿时感觉迈不动腿了。他手下的将士们纷纷争着抢着去找皇宫的仓库、往自己的腰包里揣金银财宝时，如果刘邦只是一个小兵小将的话，肯定不会跑得比他们慢。

但是，部下樊哙冲进皇宫，对他大喊了一声：“沛公要打天下还是要当富翁?”刘邦立时醒悟过来，忍住了金银美女的诱惑，下令封了仓库和宫殿，带着将士仍旧回到灞上的军营里，并约法三章，对百姓秋毫无犯，这一招使他赢得了民心，得到了民众的支持。

幸好刘邦及时明白了这个道理，虽然他张狂依旧、得意不改，但已经懂得了居安思危，懂得了得意之时依然冷静地洞察先机。如果他一时被财富吸引，动摇了打天下的信念，历史就要改写了。

“得意不忘形”能够反映出一个人的心理承受力，你想成就大业，必须训练出这种心理素质。胜不骄，败不馁，羽翼未丰时，要懂得让步，低调处之。《易经》乾卦中的“潜龙在渊”，就是指一个人待时而动，要善于保存自己，不可轻举妄动。否则就变成“亢龙有悔”了。

刘邦打天下时，“汉初三杰”（张良、萧何、韩信）的功劳最大：张良运筹帷幄，萧何坐镇后方，韩信南征北战。然而，他们三人辅佐刘邦得到天下之后，命运却大相径庭：张良功成身退；萧何亦得善终；韩信则惨死吕后之手。

其实，韩信的命运在很久之前就已经有所体现了。公元前203年，韩信攻下齐国72座城池，就开始飘飘然了。这时候，刘邦正被项羽困在荥泽，日夜焦急，等待韩信出兵相救，韩信却趁这个机会要挟刘邦，要求刘邦封他为假齐王，也就是代理齐王。

据《史记》记载，刘邦收到这个消息后，拍着桌子大骂："我被人围困在此，他却让我封他为假齐王！"这时张良在桌下踹了他一脚，刘邦马上醒悟过来，顺势改口说："大丈夫建功立业，要做就做真王，哪有做假王的？"

就这样，韩信要挟成功，如愿当上了假齐王，同时无形中失去了刘邦对他的信任，更重要的一点是，刘邦那时候的身份也只是汉王，韩信要当齐王，不是摆明了和刘邦平起平坐分天下吗？可以想象刘邦当时的心情。两人关系开始逐步恶化。

刘邦也是善于隐忍之人，当前是用人之际，可以不计较这些小过节，坐拥江山之后，就开始算账了。他先是削了韩信的兵权，接着又把韩信从楚王贬成淮阴侯，最后又授权吕后以谋反罪名将其杀害。

韩信的遭遇，刚好验证了老子的那句话："揣而锐之，不可长保。"只有善于改变自己，适应形势，才能长久地在生活的浪尖上体验激流。世事多变，适者生存，即使是聪明人，一朝得意忘形，也难免老马失蹄，偏离正常的轨迹；即使再潇洒，一朝得意忘形，也难免天马坠空，散失掉曾经的战绩。

人生处在顺境和得意时，最容易得意忘形，乐极生悲。人生本来命运无常，难免有些人因为顺境连连而愈感欣慰，然而，不能光是高兴，应该想想怎么才能维持好运，永保成功。美国汽车大王福特曾说："一个人如果自以为成绩斐然，就止步不前，那么他的失败肯定就不远了。

许多人一开始都奋斗得十分努力，但稍微有点儿成绩之后，便自鸣得意起来，于是失败立刻接踵而来。”

这一切都告诉我们一个简单的道理，那就是：得意忘形会造就一个转折，使人和事由盛转衰甚至一蹶不振；而得意不忘形却能让人虽折不断、愈挫愈勇。因此，遇到值得庆贺的事时，可以小小地高兴一下，但绝不能忘形。得意时不炫耀，有功时不自傲，被夸奖时不翘尾巴，被提拔时不“得陇望蜀”，好了，这就修炼得差不多了！

◎谨慎地对待“出风头”◎

虚荣心每个人或多或少都有，这也是正常的，因为大多数人都渴望自己被他人尊重，甚至被人敬仰，也希望自己能做得更好、更完美。有锋芒也有才华的年轻人，在特定的场合显示一下自己的锋芒，是很有必要的，但是，要选择好时机，不要不分场合，一味地表现。

于成刚从国外留学回来，名校毕业，专业技术精深，还能讲一口非常流利的英语，在公司里的风头极劲，同事们都在议论说，不出两年，于成就能升到部门经理的位置，于成也信心十足，认为非我莫属。

有一次，公司总经理亲自来参与一场和外商的谈判，于成自然在出席之列。在跟外商的谈判中，于成充分地发挥了自己的优势，和外商谈得极好，让总经理对他很有好感。

问题就出在谈判结束后的一场宴会上，于成自认为是大功臣，得意地跟外商频频举杯，潇洒飘逸，用英语跟外商海阔天空地闲聊，完全把自己的总经理冷落到一旁。更严重的是，他们跟外商分手时，于成竟抢在上司面前握手道别，搞得上司满脸不高兴。没几天，他就被“明升暗降”，调到了另外一个不太重要的部门。

不分场合地“出风头”是费力不讨好的行为，以于成的身份地位来说，就算再有才华，在各种场合也应当以上司为中心，突出上司的主导地位，如果喧宾夺主，旁若无人，在公众场合抢“镜头”，将上司置于何地？自己的光彩盖过上司是很愚蠢的，哪个上司都不会喜欢这样锋芒毕露的下属。要想得到领导重用，就必须学会适当地隐藏自己的锋芒。

一个想真正有所作为的人，就不要把一时的“风头”看得太重；相反，越是在风光无限的时候，越应该低调谦虚。

曾国藩是一个深通人情世故的人。他研习古书，深知“水满则溢，月盈则亏”的道理。因此，虽然屡升官职，但是一直保持低调，在同僚中藏锋内敛，以避免树敌。

中国历史上官员所乘大轿，不仅是代步工具，更是身份的象征，什么级别有多少人抬，包括质地、木料、装潢都有一定的规格，基本上，看到某顶官轿，就知道这个人的身份地位如何。一般说来是不能够违制僭越的，否则就会乱了套。清朝道光年间，曾国藩连年被提拔，升迁极快。在升为正三品大员后，按规定，轿呢要由蓝色换为绿色，护轿人也要增加两名，而且可以配备引路官。然而，曾国藩从升为三品官之日起，除身边不得不增加两名护卫外，轿前不仅没有引路官，连扶轿的人也省了去；而且轿呢也没有换成绿色，仍乘蓝轿。

不久，曾国藩又升为二品大员，他的身边人想把四人大轿换为八抬大轿。按清朝官制，这并非越制，但是，曾国藩早就打定主意，对于可摆可不摆的架子、可坐可不坐的大轿，一律是不摆不坐。当他乘着这顶普通的大轿出行时，也会遇上“只看官轿不看人”的势利小官员，但是，了解情况的京官们，都会向护轿之人交代一句："注意点，曾国藩大人坐的可是蓝呢轿呢。"曾国藩纵横官场几十年，正是凭借了这种低调、内敛的力量，方才逢凶化吉。

了解了曾国藩的轿子之后，我们再来看看另一位名臣——张居正的轿子。张居正这位大首辅乘坐的轿子有多少人抬呢，32 个人，比当时皇上乘坐的 16 人抬的，人数上整整增加了一倍。

此轿堪称中国有史以来交通工具之最，空间开阔，足有 50 平方米以上。据有关史书记载，轿子里面也分为卧室和会客室两大部分，会客室摆着全套的八仙桌椅和高级茶具，还设有专门的卫生间，轿子两旁还设有观景走廊，可以凭栏远眺，甚至还专门安排了两位小童伺候。

张居正就乘着这一顶"拉风"的轿子，不但在京城和附近四处巡视，而且还回了几趟荆州老家，那可是几千里路啊，足见张大人的霸气和威风。

诚然，当时的皇帝年龄才只有十多岁，朝廷掌权的就是张居正一人，他是实际上的一把手，但是众目睽睽，如此招摇过市，必然造成很不好的影响，甚至危及人们对他改革的评价，招惹众多非议。自然，张居正的下场十分悲惨，十多岁的小皇帝长大之后，做的第一件事就是清算已死的张居正，还封了他的宅院，饿死张家十余口人，这恐怕是张居正料想不到的。

《庄子》中有一句话叫"直木先伐，甘井先竭"。由此观之，处世之道也是如此。一些才华横溢、锋芒太露的人，虽然容易受到重用和提拔，可是也容易骄傲自满，自高自大。人生就是这样，当你得意时，切不可趾高气扬，目空一切，不要把自己看得太了不起、太重要了。适度地收敛起自己的锋芒，夹起尾巴做人，才能顺利地走好你的人生之路。

喜欢出风头的人，往往会给自己带来意想不到的麻烦，更会使我们众叛亲离，走进死胡同；而适当地收敛锋芒，将才华用到有用的大事上，厚积薄发，必然能成就一番大事。“是金子总有发光的时候”。收敛锋芒，放低身段，深藏不露，将使你在与人共事时留下较大的回旋余地，是一种必要的自我保护，也是成大事的资本。

◎示好于人，主动吃亏是风度◎

“扬州八怪”之一的郑板桥给后人留下了两条含有深刻哲理的字幅，一个是“难得糊涂”，另一个就是“吃亏是福”。“吃亏是福”的来历是这样的。

板桥在署潍县知县期间，接到堂弟郑墨的一封书信，信中告诉他，家族为了祖传房屋一段墙基，正在与邻居打官司，要他函告兴化知县相托，以便赢得这场官司。这时，郑板桥便送了郑墨一幅勉词。这幅勉联题头写的是：“吃亏是福”，其内容为：“满者损之机，亏者盈之渐。损于己则利于彼，外得人情之平，内得我心之安，继平且安。福即是矣。”

人生的得与失是不断交替而且始终趋于平衡的，得到什么就会失去相应的一些东西，反之也是一样，失去之后就肯定会有收获。吃亏是以退为进，损小获大。能吃亏者且善吃亏者，必定是参透了人生玄机的智者，能在得与失面前保持平常心，所以不怕吃亏甚至会主动吃亏。

就拿做生意来说，主动吃亏不仅能换来长久的合作与源源不断的利益，还能为自己赢得良好的商业信誉。如果某个商人吃不得亏，为了点儿蝇头小利就与合作伙伴斤斤计较，那这个商人迟早会输得精光。

古代十大商帮之首是晋商，晋商之冠是乔家，就是乔家大院的主人公乔致庸和他子孙的府第。俗话说：富不过三代。可乔家的繁荣却延续了六代，时间长达两个多世纪。这其中的秘密就隐藏在这座豪宅大院里。

乔家大院共有匾联四十余处，很多都是讲述人生哲理内容，《学吃亏》《毋不敬》《为善最乐》《俭德》等，其中特别引人注目的是“学吃亏”这三个大字，为什么他们不刻上“学赚钱”呢？因为乔家在上百年的商海沉浮中，认识到了一个道理——吃亏就是赚钱！

“吃亏就是占便宜”这句古话还是很有道理的。人都有趋利的本性，自己吃点儿亏，让别人得利，就能最大限度地调动别人的积极性，使自己广结良缘。弘一法师就这样说过：“无论做什么事情，都不要想着占便宜。因为便宜天下人都争着去占，如果我一个人占据，则他人皆与我结怨；我如果不占便宜而肯吃亏，那么别人对我的怨气便消除了。”所以，主动吃亏会形成一种“投资”，“投”得合适了，还会变本加厉地回报于你。

春秋时期，诸侯并起，为了争霸天下打得头破血流，前后共产生了五位霸主，都各有过人之处。齐桓公是春秋五霸的第一霸，他的过人之处就在于宽容，甚至宽容到了他的大臣都看不下去的境地，这一点对于万人之上的君王来说，是最难得的。

可以说齐桓公能称霸，管仲是最重要的人。但是管仲可曾经是齐桓公几欲杀之而后快的仇敌。

齐桓公还只是公子的时候，被送到莒国为质，称公子小白，辅佐他的人是鲍叔牙；公子小白有个兄弟叫公子纠，也有很大的希望得到王位，他当时是在鲁国做人质，管仲就是他的谋臣。

齐襄公被杀之后，没有产生新的继承人，消息很快传到在别国的两个公子耳朵里，他们都敏锐地意识到对方就是自己争夺王位的最大对手，为了抢先一步，他们俩都用最快的速度出发了，争取早一步返回齐国。

从地理上说，无论从鲁国入齐还是从莒国入齐，穆陵关都是必经之地，此处山势险峻，两边都是悬崖峭壁，只有一条南北走向的道路。

管仲为占据主动权，亲自带领30乘战车，昼夜兼程，想截住公子小白。他就候在关口，让人攀上山顶瞭望，一旦发现莒人来到，便摇旗示警。

公子小白从莒国出发，轻车简从，所带人马不是很多。管仲远远看到了，随即命令30乘战车分几列排开，堵住关口，并叫将士们备好弓箭，听候号令，一齐发射。

管仲见公子小白走近，忙取弓搭箭，照准小白怒射而去。远远地就见公子小白应声倒在战车之上。管仲认为公子小白必死，这才退回去。

怎知公子小白是诈死，等到公子纠和管仲进入齐国国境，小白和鲍叔牙早已抄小道抢先回到了国都临淄，小白当上了齐国国君，即齐桓公。

齐桓公即位以后，即下令要杀公子纠，并把管仲捉回齐国办罪。鲍叔牙先去见桓公贺喜说："管仲天下奇才，齐国得到他，岂不可贺。"

齐桓公气愤地说："你忘记了吗，管仲拿箭射我，差点儿要了我的命，我恨不得食其肉，寝其皮，怎么能原谅他？"

鲍叔牙说："主公如果只想管理好齐国，有我就够了。如想建树王霸天下的不世功业，那非用管仲不可！"

齐桓公终归是一方霸主，胸襟肚量远非常人能及，听从了鲍叔牙的劝说。桓公与管仲一连谈论三日三夜，句句投机，即拜管仲为相国，且尊称为“仲父”，管仲为相后，实施一系列措施，终于使齐国国盛兵强。

主动吃亏，心里肯定要承受一定的痛苦，也不失为一种胸怀、一种胆识。大凡有作为的人，都是像齐桓公这样，是在不断吃亏中成熟和成长起来的。吃亏还是一种处世哲学，能培养自己的宽厚与大度，赢得众人的口碑与尊重，也赢得自己事业的辉煌。

◎把自己放低，才能看得远◎

“满招损，谦受益”可以说是一个亘古不变的真理。日常生活中，骄傲总是容易让人眼界狭窄，只看到眼前的利益，从而冲昏头脑，做出不恰当的选择。只有把自己放在低人一等的位置上，平心静气，才能目光长远，选择对自己最有利的行为，在多方面、多层次上表现出智者的胸怀。

比如说，我们经常可以见到，有些人为了显示自己高人一等，为了赢得更多的关注、认同和推崇，不惜夸大其词，吹嘘自己的风光之事和得意之事；对失败和挫折呢，则像把头埋进土里的鸵鸟一样故意忽视。这也许能赚到别人的艳羡和敬畏，对自己却毫无益处，甚至会产生退步，因为他会沉湎于自己的成绩之中，忘了静心反省自己，更不会理会别人的意见。所以说，真正有本事的人很少向别人炫耀自己的本事，就如优秀的养鹰者只养自己用得上的鹰。放下身段才能清醒地认识自己，看清眼前的形势，洞悉有可能会产生的后果，从而为自己作出适当的抉择，就等于为日后进一步做好了准备。

宋真宗时，王旦是宰相，主管中书省，是百官之长，其父为宋太祖、太宗两朝名臣，家教严明，一心为百姓效命，曾解救因冤案入狱者近千人。与王旦同朝的大臣寇准是副宰相，主持枢密院，忠正刚直，也是备受同僚信任的一位重臣。王旦正好是寇准的顶头上司，但寇准因王旦位居自己之上，心里觉得很委屈，心中不服，所以两个人时常会产生一些摩擦。

宋真宗对王旦非常看重，经常会问王旦对其他官员的看法如何，其中不免问到寇准。王旦明知寇准不喜欢自己，却总是称赞寇准为人刚正，是个好官。宋真宗也会私下里问寇准王旦这人如何，而寇准却很少说王旦的好话，还时不时地对他提出批评，王旦呢，不但没意见，还全部虚心接受，态度非常谦和。宋真宗觉得奇怪，问王旦："你对寇准这么好，而寇准却多次讲你的坏话，是怎么回事？"王旦坦然回答："这是可以想象得到的，我当宰相时间很长了，因为职位高，一般大臣都不敢指出我的缺点，而寇准能够直接说出我的不足，说明我确实有做得不对的地方，这也正是我觉得他的忠诚的地方，所以我更加敬重他。"

有一次，王旦主持的中书省有文件送到枢密院核准，寇准发现这份文件有不少失误之处，他马上铁面无私地把这件事报告了真宗，让王旦挨了顿批。事隔不到一月，寇准主持的枢密院有文件送中书省审核，巧合的是这份文件也违反了诏书格式，中书省的官吏马上开始准备送呈上级，没想到，王旦却阻止了他，不但没有去皇帝面前告发寇准，还把文件私下退还给枢密院，让寇准非常意外。

王旦病重之际，真宗来到他的病床前，担心地问："你百年之后，将来朕该把天下大事托付给谁啊？"王旦郑重地说："以微臣的愚见，莫若寇准最为合适。”王旦病逝后，真宗果然起用寇准为相。

王旦退一步的做法表面上看是吃亏，但实际上却是放低身段，以自己的小亏换来寇准的拥护，以王旦的地位威望，要整治寇准自然不在话下，他却一再退让，正是看到了寇准的能力与品行，是朝中大臣当中少有的，能得到寇准的辅助，对国对民都更有利，也只有王旦这样不计较一时得失的人，才会看得如此深远。我们为人处世也必须学会知退、礼让，不能处处都想占上风，只有懂得进退礼让的人，才会对自己、对他人有清晰的认识，才能最大限度地建立良好的人际关系，从而在事业发展中取得更大的成功。

老子说：“我有三宝，持而保之，一曰慈，二曰俭，三曰不为天下先。”人生是一段漫长的旅途，因此，行事的眼光要立足于长远，首先一定要立足高远，认清形势，然后再作细致的打算，这样才能获得最后的成功，不要被眼前的蝇头小利吸引，而放弃了长远利益。总盯着眼前那一亩三分地的人，他以后能得到的也就那么多，只有虚怀若谷，深谋远虑的人，才能笑到最后。

历史上有名的“郑庄公谈笑间挫败共叔段”，就是讲的一国之君如何一再放低身份，麻痹对方，从而重挫对手的故事。春秋时期，郑国国君郑武公打算将王位传给郑庄公，但是庄公有个强劲的对手，就是他的弟弟共叔段，因为庄公的母亲很不喜欢他，所以反对他继位，一心想把共叔段扶上王位。

她的阻挠没有起到什么效果，郑庄公还是当了国君，但是，新君刚刚上任，他母亲姜氏就开始为心爱的小儿子共叔段活动了，鼓动他向郑庄公要了很多封地，庄公一一答应了。

庄公知道母亲根本就不喜欢自己，也知道共叔段与母亲密谋造反的事。虽然他心里有数，表面上却对他们有求必应，然而，在表面谦和的背后，却是另一套想法。他深知母亲和弟弟是心腹大患，但是不愿轻易下手，一是“骨肉相残”的名声不好，更重要的是，除非铁证凿凿，否则从道义上讲，他是无法将他们彻底铲除、永绝后患的。于是，他一而再、再而三地放下国君的身份，对他们退让，其实是布下一个“套”，故意纵容他们造反。

果然，庄公的母亲并未因此满足，她甚至逼迫庄公把京城也划分给了共叔段。而共叔段得到京城后，开始在那里扩张自己的势力，并在其母亲的帮助下准备里应外合，谋权篡位。

大臣们对共叔段的行为看不下去了，有人向庄公进谏，认为共叔段囤积粮草，扩充实力，分明是想图谋不轨。庄公却一笑置之，不予理睬。有位大臣甚至对他说：“如果你想把王位让给共叔段，那我们就去奉他为君王，如果不是，那就尽早铲除他，免得臣民们不知道谁才是真正的君主。”庄公一笑了之，还训斥了这些大臣。如此一来，共叔段更认为哥哥好欺负，更加肆无忌惮了。

等到共叔段和姜氏计划暴露，大张旗鼓准备谋反时，满朝都知道了他们的谋逆行径，郑庄公知道，现在出兵讨伐，天时、地利、人和都具备了，于是布下精兵强将，攻破共叔段所在的都城，一举挫败了他的阴谋。

把身段放低，并不是一味地低下头去，而是不自高，不自大，正确地估量自己的力量，并对事情的通盘形势和走向有明确的看法和意见，并能平心静气地引导事物朝有利于自己的这方面发展，这不仅仅是一种修养，而是一种处世智慧。能够看低自己的人，就能够脚踏实地，从最基本的事情做起，努力奋斗，开拓进取，才能一步一个脚印地朝自己的目标前进。

第六章 放低姿态，谦逊赢得好人缘

◎刚柔相济，才能圆融通达◎

中国人的人际交往，讲究“方”与“圆”。“方”是说做事就要遵循规矩，遵循法则，要有所为，有所不为。相较而言，中国人更重视“圆”这个字，这个“圆”绝对不是圆滑世故，更不是平庸无能，而是圆通，是一种宽厚、通融，是圆融通达。孙子说：“混混沌沌形圆，而不可败也。”《菜根谭》中也说：“建功立业者，多虚圆之士。”意思是建大功、立大业的人，大多都是能谦虚圆活的人。心高气傲、处处摩擦者，哪怕聪明绝顶，如果缺乏刚柔相济，也往往会碰得焦头烂额，一败涂地。

威名赫赫的蜀汉名将关羽，就是一个典型的例子。若说关羽的为人刚正，可能没有人会质疑。“降汉不降曹”“过五关斩六将”“单刀赴会”等，都是他忠义的写照。但他最终却败在一个被他看不起、斥之为“孺子”的陆逊之手。究其原因，是他不懂心术计谋，不懂“形圆”。

关羽义薄云天，英雄盖世，但为人心胸狭窄，高傲自负。史书上称关羽：“刚而自矜”“性颇自负”。当然，自负到自矜的地步，那确实是过头了。比如，他一开始就排斥军师诸葛亮，直到诸葛亮拿出真本事后，才得到了他的敬服。刘备取得西川以后，封马超为平西将军。关羽听到消息，很不服气，居然声称自己要离开荆州，入西川和马超比试高低。后来，他又对和他同封五虎上将的黄忠非常不满，不顾内部团结，公然表示："大丈夫岂与老卒为伍。"自负傲慢之态，暴露无遗。

关羽镇守的荆州作为战略要冲，一直是魏、蜀、吴三方必争之地。诸葛亮在移交荆州印绶时，特地嘱咐关羽千万小心，而关羽一直不以为然，为此，诸葛亮特意交代了他八个字，就是："北拒曹操，东和孙权。"

关羽把诸葛亮的话扔在了脑后。孙权派诸葛谨到荆州，要跟关羽结儿女亲家，以便共破曹操。关羽明明知道诸葛谨是诸葛亮的哥哥，他还是故意不派手下人去迎接。当诸葛谨对他说明联姻的意思时，关羽竟勃然大怒，说："吾虎女，安肯嫁犬子耶。"并把诸葛谨赶出荆州。

这时，孙权和曹操的关系更为密切，为进一步麻痹关羽，陆逊为吕蒙设计，让其"托疾辞职"。吕蒙向孙权推荐，由二十多岁的陆逊代替自己执掌帅印，关羽听到，认为从此可以高枕无忧了。

于是吕蒙趁关羽进攻曹军之机，轻而易举地袭取了荆州。关羽孤军作战，溃不成军，最后进退不得，退至麦城，被吴兵团团围住。关羽派人前往上庸求救于刘封，没想到刘封说："我一向当你是叔叔，你却只把我当草。"拒不出兵。最后，关羽悲壮地兵败身亡。

人们常说："性格决定命运。"一个人的性格，他的长处很可能同时就是他的短处。关羽高傲自负的性格，既决定了他的勇猛刚强、自高自傲，同时也造成他的短处，就是过于高傲，过于自负，对自己的胆力和才能深信不疑，目空一切，总是瞧不起他人，与他人较劲儿。这也决定了他最后败走麦城，饮恨而亡。

做人做事要多给自己留些余地，给自己留下余地的同时也是给别人留下余地，这样为人处世就多了有效沟通的空间。若是双方出现摩擦时，不顾形势，不听他人劝阻，立马拉开架势恶语相向，自认为天下第一，这不叫留有余地，而是自断后路。《菜根谭》中有“攻人之恶，毋太严”的格言。其意思就是说，在人与人相处时，本着忍让的精神，吃点儿亏不算什么大事，别人就欠着你的情，从而你也有了建立良好人际关系的基础。如果你总认为自己强过他人，说话办事不留余地，未免太愚蠢了。

晚清重臣曾国藩对此领略颇深，他说：做人的道理，刚柔互用，不可偏重于某一方面。太柔就会萎靡，太刚就容易折断。但刚不是说要残暴严厉，只不过不要强矫而已。正因为曾国藩深知“刚”与“柔”的共济之道，因此，虽位极人臣，富贵无极，却得以全身而退，福荫子孙。

梁武帝萧衍执政时，他的第七子萧绎自幼便聪明绝顶，远超常人。他五六岁时，就能背诵《典礼》，并且一字不差，因此萧衍对他特别疼爱，请了许多名师来培养他。

萧绎长大后，受封湘东王，博览群书，工书善画，是个公认的“才子”。他位置崇高，人又有才华，便自高自大起来。有一次，萧绎和裴子野等人饮酒论诗时说：“我出身皇家，博古通今，学究天人，我想以诸葛孔明自比，应该也差不了多少吧？”

裴子野等人相视之后，都没有做声，心里颇不以为然。后来，裴子野找了个机会，劝萧绎平常谦逊一些，不要太过自傲。

萧绎却颇为不悦，他说：“你们都觉得我狂妄，那你们能提出什么我做不到的事情吧，我岂能和你们这些普通人相提并论。”

后来，萧绎平定了侯景之乱，在江陵称帝。此时的他更加自负了，天天饮酒作乐，懒得处理朝政。

大臣王褒、周弘等都上书规劝：“如今强敌尚在，我国应当加强军事，时刻备战。皇上如果为黎民社稷着想，应当少做享乐之事，把都城迁回建邺。”萧绎却一意孤行，贪恋江陵的繁华美景，不肯迁都，还将这些批评他的大臣或贬或罚。

后来，魏军进攻江陵，萧绎兵败城破，最后只好投降。魏军毫不留情地杀死了他。

人活于世，做人做事若能“率性而为”，那确实也是一种难得的境界，但那是需要资本的。对大多数人来说，你不是天地间唯一的存在，可以想做什么就做什么，而别人也不可能为了你而存在，对你一切都言听计从。自我毁灭者多半是性情中人。生活和事业上有太多的不如意，需要以智慧和耐心去解决，而不是靠一时的喜恶和脾气。刚柔相济，才能圆融通达，事事顺利。

◎修炼自制力，豁达中方显智慧◎

“唾面自干”的典故出自《新唐书·娄师德传》，娄师德是唐高宗、武则天两代大臣。有一年，娄师德的弟弟被任命为刺史，临行前，特意来到娄师德家中，向哥哥请教，自己要出去做官了，有什么需要注意的没有。娄师德道：“我受圣眷颇隆，你又要出任一方大员，这是我们家难得的恩宠，但是，我们不能因此而得意忘形。在背后，必定有一些人嫉恨我们。所以，我们遇到事情时，一定要‘忍’字当头，不要和别人发生冲突。”他的弟弟连连点头道：“大哥，你放心，就算有人往我脸上吐唾沫，我就当作什么事也没有，擦干净就行了。”

娄师德听后，暗暗摇了摇头，告诫弟弟说：“要我看，别人往你脸上吐唾沫，你自己不要擦掉，应该让它自然干了才是。”弟弟顿悟。

娄师德是这样说的，也是这样做的。狄仁杰与娄师德同为宰相，狄公看不惯娄师德不是一天两天了，经常在武则天面前说娄师德的坏话。有一天，武则天问狄公：“朕看重你，你知道为什么吗。”狄公骄傲地回答说：“臣因自身本事考中进士，并非碌碌无为因关系成功。”武则天良久说：“你看看这个吧。”武则天命左右拿出装奏章的筐箧，取出十张推荐表让狄公看，原来全是娄师德写的推荐狄公的表章，狄公看完后惶恐不已。

羊是一种愚笨的兽类，走路时不顾前后，角很容易触到篱笆上面，想进进不了，想退退不得。这比喻人在前进一步的时候，需要看有没有退后的地步，才可免致灾祸上身，只有退后一步，放下身段，修炼自制力，方能最大程度上免除烦恼，这是智者教给我们的处世之道。凡事着手的时候，先要看放手的机会，才能得免于“骑虎难下”的危险。如果只凭一时冲动，任性行事，就容易陷入进退维谷、难以收拾的境地。

张飞是人人都熟悉的一员虎将，《三国演义》里说他“身长八尺，豹头环眼，燕颔虎须，声若巨雷，势如奔马”。一看这长相就知道他肯定不是个沉稳冷静的人。在《三国演义》中，张飞这个人确实偶尔有“粗中有细”的时候，但大部分时候都极易被愤怒冲昏头脑，做什么事情都风风火火，所以他死在冲动之下也丝毫不让人奇怪。

张飞脾气暴躁，镇守阆中时，闻知关公被害，旦夕号泣，血染衣襟。手下的将领纷纷来安慰他，陪他喝酒解闷，没想到他醉后愈加暴躁，属下稍微犯点错误，就严刑鞭打，有人甚至被活活打死。除了喝酒打人，他每天都对着东吴的方向咬牙切齿，放声痛哭。

张飞时刻等候为关羽复仇，过了一段时间，见刘备还没动静，便怒气冲冲到了成都，催刘备早点起兵。刘备早就想讨伐东吴为关羽报仇，当即同他约好，兵分两路，共伐东吴。

张飞回到阆中之后，下令所有部队三日之内全换成白旗白甲，挂孝伐吴。这个要求让他的部下非常为难，但又不得不办。第二天，负责后勤的两员末将范疆、张达壮着胆子告诉张飞："白旗白甲三天之内不可能备齐，得请宽限几天。"张飞认为他们干事不得力，马上让人把范疆、张达绑在树上，各打五十大板，扬言若办不好，就杀头示众。

这可把范疆、张达两人逼疯了，他们俩干脆在晚上刺杀了张飞，然后投奔东吴去了。

最后看刘备。失去两位结义兄弟之后，向来处世还算沉稳的刘备再也冷静不下去了，他马上亲率70万大军，气势汹汹杀奔东吴。结果被陆逊一把大火，烧得溃不成军，刘备也在撤退途中病死。

冲动是会受到惩罚的。西方有一句民谚说，"上帝欲使其灭亡，必先使其疯狂。"心情一旦失控，心态一旦浮躁，那就好比推倒了"多米诺骨牌"，不仅会毁灭自己，还会给他人带来灭顶之灾。

中国的民族英雄林则徐自幼聪颖，4岁入私塾读书，7岁学习作文，成绩往往超过同龄孩子。父亲林宾是一名教师，平日里家教甚严。但林则徐的脾气非常急躁，让他的父母忧心忡忡。于是林宾以身作则，亲自教子。他平日注意自己的言行，遇事不怒，待人和蔼，为人处世谦恭谨慎。即使儿子犯了错误，他也耐心教育，绝不随意发火，林宾的言行使林则徐受益匪浅。后来林则徐做了高官，他在府衙里总是挂着一块牌匾，上书"制怒"两个大字。在做两广总督时，一次林则徐盛怒之下把一只茶杯摔得粉碎。当他抬起头，看到"制怒"两字时，意识到自己的老毛病又犯了，立即自己动手打扫摔碎的茶杯，表示悔过。

喜怒哀乐本是人之常情，然而，无论是从生理方面还是从心理方面讲，遇到不顺心的事动辄勃然大怒都是"有百弊而无一利"的。因为怒气犹如人体中的一枚定时炸弹，随时会爆炸，炸伤自己，也炸伤别人。为此，很多文人都有自己“制怒”的方法。如明代人李纳性情急躁，易发脾气，但每逢下棋，他就缓和下来。所以凡是遇到某件事使他心情躁怒时，家人便悄悄将棋盘摆在他的面前。李纳见了棋盘，怒气就会马上消失。还有一个脾气很大的晋代人王述，只要心里火起了，就会默默地面对墙壁而立，直到平静下来，才转过身来继续做自己的事情。

急则有失，怒则无智，遇事冲动、动辄发怒既有损身体健康，又让人丧失理智，做出一些自己追悔莫及的事情，由此看来，冲动实在是百害而无一利、损人又不利己的愚蠢行为。因此，我们遇事千万别冲动，要用平常的心态、大度的胸怀，理智地去对待各种事情，把冲动这个魔鬼赶得无影无踪，这既是做人之道，也是养生之法。

◎给人面子，留得余地好相见◎

“话不说尽，事不做绝。”这句话流传很广，堪称“喻世明言”，这句话告诫我们说话办事时，要给别人留有余地。嘴里塞满了饭，当然无法下咽；船上的货物载得太满了，就无法行走了；而帆也只可张到八九分……这些可是无数古人生活智慧的结晶。做人做事，给别人留点儿余地，宽容别人，大度地接受别人。这也给自己做人做事留了后路。

民间曾有许多俗语，如：“养儿防老，囤谷防饥”，“晴带雨伞，饱带干粮”，说的都是要“未雨绸缪”，为明天留后路、留余地。一位老木匠教徒弟的时候有一个诀窍，他从来不要求徒弟把木材组织得严丝合缝，他总是会提醒“注意了，留一条缝隙”。木匠是和木材打交道的，木材的构造有纹理，遇到外部的气温会发生变化，如果事先没有处理好，那些装修过的房子就会出现木地板开裂或挤压拱起的现象。那些高明的师傅懂得合理地留一些缝隙，给那些组合的材料留足空间，这样就可以避免之后家具变形。

对中国文化有了解的人都知道“留白”的重要性，就是在一幅画上，要空出一部分，这不仅仅是构图布局的需要，更可反衬主题，进而给观赏者以无限遐想的空间，所以有句行话说“留白天地阔”。我们做人做事千万莫把话说死，别将事做绝，否则就会陷入无路可走的尴尬境地。

《宋稗类钞》中载有这样一则故事：宋朝时，在常州有个地主，名叫苏掖，家中有家财万贯，良田千亩，为人却十分吝啬，只要有钱财经过他的手，他肯定要扣留一部分，或者找尽各种理由，不肯付足对方应得的钱。他这种守财奴的作风，得罪了城中不少人，但自己却浑然不觉。

有一次，苏掖听说城中有一个破产的富户打算卖掉祖产，他赶紧准备了银两，和人家谈价钱。他竭力压低房价，为此与对方争执不休。这时，他儿子在一旁看不下去了，低声地对他道：“父亲，你还是不要太计较金钱，多给人家一些，给自己积点儿德！说不定将来哪一天，我们儿孙辈会出于无奈而卖掉这座别墅，希望那时候，也会有人因为同情我们，而给我们一个好价钱。”苏掖听儿子这么一说，大有所悟，以后就改变了吝啬的作风。

一个商人的本质就是追逐利益，做生意时，肯定会锱铢必较，这是无可厚非的。但有时候后退一步，给对手一个机会，对自己未尝不是一件好事。有句谚语说，“人情留一线，日后好见面。”意思是说与人相处，凡事不可做绝，要记得彼此留有余地，以后不管在什么场合见面，都不会难堪，不会尴尬。

去过店铺买衣服的人都知道，如果一家服装店有人上门购物，那服务员肯定是巴不得你买得越多越好，越贵越好，即使你花光所有的钱也不会嫌多。但有家门面不大的服装店却反其道而行之，几乎每一位服务员在客人购物时，若是已经买得差不多了，服务员都会提醒说："我看您的衣服已经买得够了，要不等店里下次上新款了再通知您吧。"来过的客人都深受感动，自然成为这家店的回头客，久而久之，这家店的生意越来越好。

这家服装店的做法与李嘉诚的生意经在本质上是一样的："做事要留有余地，不把事情做绝，有钱大家赚，利益大家分享，这样才有人愿意与你合作。假如拿10%的股份是公正的，拿11%也可以，但是如果只拿9%的股份，就会财源滚滚。"凡事量力而行、适可而止，用平常心来看待是非得失，心态平和了，自然就乐意给人一个机会。

嵇康少时聪明好学，但是骄纵任性，史书上称他少有奇才，博览群书，无师自通。他爱好音乐，在当时是首屈一指的高手，书法也很有名，诗的水平也可以称得上是大家，长得也称得上是美男子。是当时不少文人崇拜的"偶像"，包括钟会。

钟会又是何许人也？他身出名门，是大书法家钟繇的儿子，而且少年得志，19岁入仕，"为秘书郎"，29岁时就已晋封为关内侯，是一位颇通仕途之道的才子。按说，这样的人，是够资格和嵇康相交的。钟会对于仅比他长两岁的嵇康敬佩有加，甚至到了不敢与之面对面交流的地步。而嵇康对政治深恶痛绝，自然不愿意和钟会打交道。

后来，做了高官的钟会再次造访嵇康，嵇康理都不理，继续在家门口的大树下"锻铁"。炉火熊熊，嵇康手起锤落，一副旁若无人的样子。钟会看了一会儿，觉得没意思，于是悻悻地准备离开。嵇康在这个时候终于说话了，他问钟会："何所闻而来，何所见而去？"钟会回答：

“闻所闻而来，见所见而去。”

这次造访令钟会丢了面子，他深深怀恨在心。后来，嵇康果然死于钟会之手。嵇康的为人处世，正是他会招致不幸的根源，他犯了处世的大忌，他不给别人留余地，其实就是切断自己的后路。俗话说“三十年河东，三十年河西”，风水可是轮流转的，今天你不给别人留余地，对方心里会记恨你，也会觉得你太绝情，等到对方得意起来的时候，他就会报复你、打击你，这时也不会有别人来同情你。

◎必要时也当当“配角”◎

如果在我们生活的环境中，能够当上主角的话，那么，无论是谁，肯定谁也不愿意做配角，因为配角似乎就只是一个陪衬，如左拉的小说《陪衬人》那样，只为了站在主角身边衬托他的光芒，而几乎没有自我的存在。因此，尽管做主角很难，但大家依然乐此不疲。

实际上，能做主角时，自然可以竞争当主角，但是，做不了时，做做配角，也没什么不好，这是一种低调做人的处世智慧。当自身能力还不足、资源还有限时，先从配角做起为自己积累资源，赢得人缘，更为自己积累能量做好了充分准备，为自己登上主角舞台打下了基础。那么，我们先当当配角又如何呢?

成功的因素有很多，最重要的一点是人缘好，群众基础扎实。古人带兵打仗不都讲究个“天时、地利、人和”嘛，其中，“人和”又为重中之重。事实上一个人的成功是以人际关系为媒介的，如果你决心在某种情况下当一个“配角”的话，请时刻记住不要表现得太过高调；相反，应该表现得低调谦虚、毕恭毕敬，使对方感到自己受人尊重，你才能达成所愿。

三国时，由织草鞋而起家的皇家后裔刘备，虽然后来也当了皇帝，但他在很长的一段时间里，都在充当着“配角”。刘备身边的人，如关羽、张飞、赵云等，都是三国战场上数得着的勇将，关于他们几个的英雄传说，如“温酒斩华雄”“过五关斩六将”“长坂坡七进七出”等，都千古流传。反观刘备，仅仅是在“三英战吕布”中露了下脸，因为刘备非常明白自己的优势和劣势，疆场杀敌非他所长，因此，他乐于充当配角。

到刘备邀请诸葛亮出山时，这种“配角”意识达到了顶峰，三顾茅庐之后，刘备的诚恳谦虚的“配角”意识，使诸葛亮很受感动，离开了隆中茅庐，出任刘备的军师。而刘备依然将自己摆在“配角”的位置上，把所有的军政大权统统交给诸葛亮，甚至连自己的两个义弟都靠边站了。诸葛亮在刘备军中，可以说是“要风得风，要雨得雨”，诸葛亮深感知遇之恩，毕其一生，都在为刘备的事业出谋划策，直到生命的最后一刻。

人都需要被尊重，特别是一些已经具有一定名气、还有一定发展前景的能人学者，往往会或多或少地表现出一些清高或傲气。很多领导都不愿意和这样的人打交道，但是为了事业，为了有所成就，与他们交往时，就必须礼让三分。一旦你的诚心感动了他们，他们会加倍地信赖你，也会用各种方式来报答你，甚至会“鞠躬尽瘁，死而后已”。

但是，配角不是这么好当的，配角还要注意，不要表现得比别人优越。法国哲学家罗西法古说：“如果你要得到仇人，就表现得比你的朋友优越；如果你要得到朋友，就要让你的朋友表现得比你优越。”

“一个篱笆三个桩，一个好汉三个帮”，良好的同事关系是事业不可缺少的根据地。经营不好根据地，向外发展纯粹是奢谈。很难想象一个没有朋友、在事业圈中孤立无援的人，能够把工作做得出色，得人心者得天下，得同事者得事业。

沈倩倩是个标准的“富二代”，靠自己的努力进入一家广告公司做策划工作。让她很长一段时间都很困惑的是，她上班都快半年了，还是一个朋友也没有交到。为什么呢，沈倩倩的家境颇好，平时的着装打扮都是同事们望尘莫及的，在办公室里，总是她一个人占据主角位置，向大家宣扬什么品牌的新款女装，最新式的包包等，让大家都插不上话，时间长了，同事们都感觉到和她差距太大，慢慢就疏远她了。

沈倩倩对父母抱怨说：“我的工作很努力，成绩也不错，我的同事不但不分享我的成就，而且还极不高兴。我渴望这些人能够喜欢我，我真的很希望他们成为我的好朋友。”父亲对她说：“你想和他们打交道，为什么不努力贴近他们的生活呢，你何不先去听听他们平常聊的什么，想的什么呢？这样也许他们就会慢慢地接纳你的。”

沈倩倩接受了建议，从此在与同事闲聊的时候，开始少谈自己，而是花很多时间去认真倾听同事们说话。她仔细观察了同事们的消费水平和消费圈，把自己的消费档次也慢慢地降到了和大多数人一样，大家有了什么话都喜欢告诉沈倩倩，后来几乎所有的同事都成了她的朋友。

人都喜欢和自己同等阶层的人打交道，因为每个人都希望能得到别人的肯定。当我们让朋友表现得比我们优越时，他们就会有一种得到肯定的感觉；但是当我们表现得比他们优越，甚至让他们赶不上时，他们就会产生一种自卑感，甚至对我们产生敌对情绪。

对于某个圈子的领头人来说，尤其如此，万事让人先，自己甘愿当配角。一个领导如果能做到这一点，他的部下将会努力地工作，甘愿献出一切。而如果你持无所谓的态度，即使他们与你合作，也可能“心猿意马”，把事情搞糟。

公元前 202 年，刘邦在洛阳南宫举行的盛大酒会上，对诸臣将帅谈论得天下之道时，说了几句非常谦逊的话，让他的部下倍感荣幸：“运筹于帷幄之中，决胜于千里之外，吾不如子房（张良）；镇国家，抚百姓，给饷馈，不绝粮道，吾不如萧何；连百万之众，战必胜，攻必取，吾不如韩信。”刘邦也是个善于当“配角”的人，这也是他能招纳人才的重要原因。他作为一国之君，闭口不谈自己，而巧妙地把三位能人贤士推到打江山的头功名榜上，自然取得手下诸将领的忠心。

在社交场合中，往往是上司挨个把下属介绍给别人，好的领导人都会恰当地把他们自以为见长的优点介绍一下，让部下有面子。比如，工作得到某阶段性进展时，领导会说这项工作是谁先提议的，再说谁在工作中有过特别贡献，谁为这项工作熬了几个通宵等。如果你能把每个人的贡献都记在心里，时常挂在嘴边，大家也会认为你是一个值得为之出力的好上司。

◎有话不直说，委婉地提出意见◎

可能有不少人认为，“直来直去”是一种好品格，说话绕来绕去，顾左右而言他，是看不起人的表现，其实，完全不是这个道理。同样一个意思，在不善言辞的人口里，可能会粗鄙难懂；但是会说话的人，却能将它讲得清晰风趣、悦耳动听，甚至富含哲理，让人乐于接受。中国古人在强调口才的重要性时曾有言："一言之辩重于九鼎之宝，三寸之舌强于百万之师。"

三国时期，曹操年老，立储之事迫在眉睫。但是，要立谁呢，不但曹操头痛，他的大臣们也都各自打着小算盘，要知道，站错了队，跟错了人，那可是影响前途甚至身家性命的大事。

曹操的儿子很多，他最喜欢的是小儿子曹植，因为曹植不但聪明，而且博学多才。但是按照古礼，储君必须是由大儿子来继承的，而这两个儿子，也在各立山头，拉拢朝臣。所以朝廷里的大臣们也就分成了两派，一派坚持帮助长子曹丕；另一派则拥护幼子曹植。曹操犹豫良久，迟迟也不能决定。

一天，曹操偷偷问谋士贾诩："先生向来眼光长远，非人能及，现在人人都在催促立储，我十分喜爱小儿曹植，所以想立他为储君，你看这件事情可以吗?"贾诩听到曹操的话以后，低下头半天不说话。曹操等啊等，贾诩还是不说话。曹操忍不住催促了一下，贾诩似乎突然醒过神来一样，说："哦！刚刚听了你的话，不由得想起了一些事情，所以走神了。"

曹操奇怪地问："是什么事情让你想的这么入神啊?"贾诩回说："我在想袁本初和刘景升的事情啊!"曹操顿时醒悟，后来立了大儿子曹丕为储君。

袁本初和刘景升，都是因为临死的时候立小儿子为储君，结果他们死后，他们的儿子相互残杀，不能互容，内斗不休。贾诩虽然没明说，但他的意思已经很明显了——废长立幼是没有好下场的。曹操于是就立了自己的大儿子为储君了。

立储是个敏感的话题，因为参与立储斗争而遭杀身之祸的人，历史上数不胜数，明智如诸葛亮者，也是避之唯恐不及，可是，主子问到头上来了，不说又不行。贾诩面临的就是这样的问题。曹操既然问他，又不得不回答。如果贾诩摆事实，讲道理，证明该立某某为储君，自己必然要得罪人，给自己埋下无穷后患。于是，贾诩借旁人作比，委婉地表达了自己的意向，实在高明。同样的意见，委婉地表达对方才容易接受。打个比方、作个比较、推理出合理的结果，对方自然接受。

有话不直接说出口的目的还是给了双方一个转圜的余地，如果是有比较棘手或者是较难说出口的话，说话的一方固然难以开口；另一方也觉得不好接受，这时候，借助一些说话技巧，可以收到意想不到的效果，既能达到自己的目的，又不会给自己招致祸患。

春秋时期，楚庄王在登基后，荒芜朝政，三年以来，没有发布一项政令，在处理朝政方面没有任何作为，朝廷百官和满国百姓都为楚国的前途担忧。

楚庄王非但不理政务，整天打猎、喝酒，并且还不允许任何人劝谏，他通令全国："有敢于劝谏的人，立刻处死！"

当时，有一个担任右司马官职的人叫伍举，去见楚庄王，声称有不懂的问题，要请教庄王。楚庄王手中端着酒杯，口中嚼着鹿肉，正在观赏歌舞，下令让他进来。

伍举道："有人让我猜一个谜语，我怎么也猜不出，特此来向您请教。臣在南方时，见到过一种鸟，它落在南方的土岗上，有三年的时间了，它不展翅、不飞翔，也不鸣叫，一直沉默无声，这只鸟叫什么名呢？"

楚庄王聪明绝顶，他笑道："我知道，这只鸟三年不展翅，是在生长羽翼；三年不飞翔、不鸣叫，是在观察民众的态度。这只鸟虽然不飞，一飞必然冲天；虽然不鸣，一鸣必然惊人。你回去吧，我明白你的意思了。”

此后，楚庄王像换了个人一样，下令整顿朝务，训练军马，励精图治，楚国的国力发展迅猛，这就是楚庄王的“一鸣惊人”。不过这“鸣”，还真是“鸣”得惊天动地，四方皆知。

由于君王手握生杀予夺的大权，加之性情常常是喜怒无常、难以琢磨，所以很多大臣在皇帝面前往往是如履薄冰，唯恐自己说错了一句话，办错了一件事而断送了自己的仕途甚至身家性命。这种君臣之间的“斗智”无疑是十分不平等的，因此，多数大臣在劝谏君王时采取隐讳的说话方式，巧妙表达自己的意愿，不然的话，就是“死谏”了。

正如韩非子所说，由于君臣之间权力的不对等，使得语言表达的能力显得十分重要。不但要叙事清晰、论点明确、证据充分，能够有力地说服对方，取得相互之间的理解或谅解，更多时候，高妙的说话技巧会起到一个“缓冲剂”的作用，留下一个回旋余地。

◎不露声色给人台阶下◎

人都是有生活属性的，人人都有自尊心和虚心，如果不小心犯了错误，都不希望被人发现，更害怕自己的失误被人指出来。“给人台阶”下，是一门重要的处世技巧，如果掌握好了，对你的人际交往、人脉开拓，都有重要的意义。

如果在指责对方时，巧妙地给对方一个台阶下，并能做到不着痕迹，肯定能赢得别人的好感，对方还会认为你是个会体谅别人的人，在合适的时候，他也会投桃报李，回报于你。

19 世纪的英国，有位军官想被加封为男爵，为此，他一再请求首相狄斯雷利，可是，这个人的条件离男爵差得太远了，狄斯雷利无法满足他的请求。有一天，这位军官居然在狄斯雷利正召开会议的时候闯了进来，当着很多大臣的面再次提出请示。狄斯雷利很生气，可他并没有直接说："不行，你差得太远！"而是用温婉的语气说："亲爱的朋友，很抱歉我不能给你男爵的封号，但我可以给你一件更好的东西。在场的所有人都知道，我也会给更多的人去说，我曾多次请你接受男爵的封号，但都被你拒绝了。"

当然，给人台阶下，除了需要宽大的胸怀，还需要智慧。《论语》记载：孔子的弟子子张问孔子，要如何才能在官场站住脚？孔子说："多听别人说话，把你觉得可疑的放在一旁，觉得不可疑的，也要谨慎地开口，就可以少说错话；多观察，不干危险的事情，对有把握的事也要细心去做，就可以少干错事。不说错话，不干错事，官职薪俸便自然会有了。"

周总理是一个非常懂得交际技巧的人，有一次，在人民大会堂设宴招待外宾。端上桌子的菜中有一道菜，菜的食材是冬笋，特地雕成一个佛教中的"卍"字，表示祝福。结果，有位客人拿起筷子一搅，冬笋片在碗里一翻身，正成了法西斯的图案。

一时之间，满座失色，在外交场合出现法西斯的标志是很容易引起外交纠纷的，周总理对此也感到突然，但他随即泰然自若地解释道："这不是法西斯的标志！这是我们中国传统中的一种图案，念'万'，象征'福寿绵长'的意思，是对远方客人最良好的祝愿！"语音刚落，整个宴会厅的气氛就活跃了起来。接着他又风趣地说："就算是法西斯标志也没有关系嘛！我们大家一起来消灭法西斯，把它吃掉！"话音未落，宾主同时哈哈大笑，所有的筷子一齐指向了这道菜。这么一个被动场面，经周总理反意正解，反而起到了活跃宴会气氛的作用。

心理学的研究表明，谁都不愿把自己的错处或隐私在公众面前“曝光”，如果不是在某些特殊情况下，一般应尽量避免触及对方所避讳的敏感区，避免惹急对方；如果非要指出时，也可避重就轻，可委婉地暗暗指点对方避开自己的隐私和错误，但不可过分，只需“点到为止”。

《左传》中有个故事，讲的是郑国国君郑庄公因为胞弟共叔段谋反，而设计除掉了他，把他自己的生母武姜发配到边远地带。而且在她临行时，郑庄公发誓说：“不及黄泉，不相见也”，意思是到死都不想见母亲了。

因为郑庄公做得太绝了，大臣和百姓们都在背后议论纷纷，郑庄公听到这些话，心里也不好受，再说时间长了，气也出了，犯不着和自己的母亲硬过不去，背上“不孝”的名声。但是，自己是一国之君，“金口玉言”，说过的话，是不能随便反悔的，所以有点儿进退两难。

郑庄公的手下有个叫颍考叔的大臣，见郑庄公左右为难，于是积极动脑子，为他出了个主意：在地上挖个大坑，一直挖到出水，就是见到了“泉”，这样就相当于见了“黄泉”。这样，郑庄公也不违背誓言，还能和母亲相见。郑庄公顺水推舟地接受了这个主意。

颍考叔依计而行，挖了个大坑，然后放个梯子，武姜和郑庄公顺梯子下去，在大坑里见面，母子相见，抱头大哭。郑庄公把母亲接回王宫奉养，百姓都说这事干得不错。

可能“下台阶”的典故就是由此而来的。伴君如伴虎，有很多话，很多事，身为一国之君即使做错了，旁人也是不能随便指出来的，更不能随意作出补救的举动。这时就需要臣下给他提供一个“下台阶”的机会，如果哪位聪明的大臣在给对方提供“台阶”的同时，还能采取某些妥善措施，及时为对方面子上再增添一些光彩，那是最好不过的了。

有一次，明初内阁首辅解缙陪朱元璋钓鱼，可是，这鱼儿非常不给皇上面子，朱元璋整整钓了一天，也一无所获。朱元璋十分懊丧，解缙也觉得脸上挂不住，最要命的是，朱元璋还命解缙写诗记下这一天的情况。

这诗可怎么写呢？解缙不愧为才子，稍加思索，信口吟道："数尺纶丝入水中，金钩抛去永无踪。凡鱼不敢朝天子，万岁君王只钓龙。"巧妙地掩饰了朱元璋没钓到鱼的尴尬，还吹捧他是真龙天子下世，让凡鱼不敢相见。朱元璋听完，龙颜大悦。

不仅仅是官场，现实当中，能适时地为陷入尴尬境地的对方提供一个恰当的"台阶"，使其免丢面子，也算是为人的一种美德。比如说，在社交中谁都可能不小心弄出点小失误，比如念错了稿，说错了话，叫错了名字等，这些都是小问题，不必大惊小怪，大肆张扬，搞得人人皆知，使得一些没人注意的小过失，突然放大在众人面前；更不应该幸灾乐祸，小题大做，拿人家的失误在众人面前取乐。因为这样做不仅会使对方难堪，还破坏了周围的环境，让他觉得你是个刻薄的人，在今后交往中对你敬而远之。

正如《圣经·马太福音》有句话："你希望别人怎样对待你，你就应该怎样对待别人。"

为人处世像下象棋，只有那些初出茅庐，血气方刚的小青年，才会不顾对方脸色一口气赢对方七八盘，围观的人都议论纷纷了，对方已涨红了脸，他还在那一个劲儿地喊"将"。真正有远见的人不仅要在与同事的日常交往中为自己积累最大限度的"人缘儿"，同时也会给对方留有相当大的回旋余地。

第七章 放低身段去生活，知足者常乐

◎欲望越小，人生越幸福◎

“人心不足蛇吞相”这句话很多人都知道，然而，大部分人都认为是“人心不足蛇吞象”，觉得这个成语是描写人的贪心太重，就像蛇一样，想把一头大象吞掉。

其实，“人心不足蛇吞相”是一个典故。从前有个蛇精触犯天条，被打回下界。蛇精无处藏身，现出原形，化作小蛇蜷缩于尘土中。适逢寿州一穷秀才梅生发现，救了小蛇一命。

一天，梅生在大街上闲逛，见众人围观皇榜。原来是当今皇上身染重病，无法医治，于是张榜寻求名医。梅生对医学一窍不通，叹息机会将失时，蛇精突然出现在他面前，告诉他，“你从我腹中割下一块心肝，即可治好皇上的病。”以回报救命之恩。

梅生依法而行，果然进京治好了皇上的病，被封为宰相。梅生终于过上了富贵荣华的生活，但是，他想，这荣华富贵皆是过眼烟云，我何不再向小蛇割一块心肝，以备日后自用，永得长生。于是梅生再次找到小蛇，想再割一刀，由于太过贪心，割的部位太过庞大，小蛇疼痛难忍，就一口吞下了梅生这位宰相。这就是“人心不足蛇吞相”的由来。

由于人们的口传有误，到了今天，“人心不足蛇吞相”就变成了人人皆知的“人心不足蛇吞象”。不过，这样能更直观地表达这句话的意思。

一个人有欲望，本来是一件好事，因为有欲望，人才有奋斗的动力，才是成功的源泉。但是，什么事情都可以分两面看，欲望也可能给他带来负面影响。当一个人的贪欲太多、欲壑难填，什么都想要，什么都想争，而自身实力又不足时，带给他的就不是好事而是灾难了。

邓艾和钟会是魏国后期的杰出人物，在司马懿身后，邓艾是能够指挥魏军和姜维抗衡的主要将领。姜维的“九伐中原”屡屡受挫，就是因为遇到了这样一个旗鼓相当的对手。

钟会为著名书法家钟繇的儿子，少年颖异，司马昭兄弟征讨淮南时，他参谋帷幄之中，算无遗策，表现出非凡的战略才能，被誉为魏国的张子房。

钟会与邓艾配合，受命伐蜀，出师之后，一举夺取了汉中。这是连曹操都屡次失手的地方，以后配合邓艾，终于灭蜀。

此时，这两位军事天才真可谓志得意满了。也就在这时，他们的头脑开始发热了。蜀汉皇帝刘禅投降之后，邓艾自作主张给其及降臣封官，安排部下担任益州及诸郡的刺史太守，并在绵竹筑景观台，纪念自己的战功。他在大会上向蜀汉的士大夫吹嘘道：“诸位幸亏碰到我，才得有今天。”又说：“姜维也是个有本事的人，不过遇到了我这个对手，所以才有这样的下场。”

司马昭降诏封他为太尉，并增邑二万户之后，他野心进一步膨胀，用不容置疑的口吻上表，对善后及伐吴等重大国事，提出指令性的意见。司马昭见表后让监军卫提醒他，重大问题，要请示，不能独断专行。他竟抗表声辩，说自己这样做是对的，终于使司马昭下决心解决他，下诏书用槛车将他押送洛阳。

钟会在伐蜀之战中只担任了配角的位置，他当初并不赞同邓艾的战略，没想到，邓艾竟然成功了，他便妒火中烧。对于邓艾的独断专行，他幸灾乐祸。后来竟玩弄阴谋手段，挑拨邓艾与朝廷的关系，终于促成了邓艾被收的悲剧。

邓艾被收后，钟会以为自己“独统大众，威震西土”，“功名盖世，不可复为人下”，加之猛将锐卒皆在己手，便也打起了谋反的念头，认为以自己的军事天才，可以席卷长安，平定天下。在他发现司马昭早已严阵以待时，还自信地说：“事成，可得天下；不成，退保蜀汉，不失做刘备也。”结果他什么也未做成，还未及正式发难，即为乱兵所杀。

这正如老子所说：“祸莫大于不知足，咎莫大于欲得。”一个人的欲望好比是烈火，只要熊熊燃烧起来了，理智就难以克制，而将欲望燃烧到一定程度时，肯定会引火烧身，给自己招来杀身之祸。所以人必须用理智来缓和自己过多的欲望，使自己健康地行走在人生的大道上。

人生是百年大计，因此，行事的眼光要立足于长远，不要被眼前的蝇头小利吸引，放弃了长远利益。西方谚语告诉我们：“不要因为眼前的一棵大树而放弃整个森林。”我们要达到自己的目的，首先一定要立足高远，认清形势，不贪图小利小得，长远规划，然后再作细致的打算，这样才能获得最后的成功，而不是先有小得，后有大失。

有一个佃户，在一次战乱中救了一个地主的命，地主问他想得到什么，佃户回答他说想得到一块土地。地主就对他说：“明天一大早，你从这里往外跑，能跑多远跑多远，每跑一段就插个旗杆，在太阳下山以前，插上旗杆的土地就都归你了。”佃户大喜，马上就不要命地跑开了。

结果他这一跑就再也没有回来，因为想要的土地面积太大，他精疲力竭，就在路上累死了。地主叹息着给他说了一句很深刻的话：“你需要多少土地呢？只需要这么大！”

大文豪托尔斯泰说：“欲望越小，人生就越幸福。”为什么欲望少一点为好呢？身在红尘中的人们，有太多太多的欲望，有的人就是在追逐欲望的过程中丢失了快乐、亲情甚至是生命。因为欲望过多，必然会为得不到而痛苦。就算种种欲望都得到了满足，但也不一定会快乐，因为肯定还想得到更多。保持一颗平常心，保留清清正正的真我，过着平平凡凡的生活，这样才是最幸福的。如果我们没有能力将自己的所得变得更多，也就是没法获取更多的东西时，如果能减少自己的欲望，那么同样可以得到更多的幸福。

◎学会放下，没有解不开的结◎

人生为什么会有烦恼？这是无数哲学家终其一生也求之不得的命题。也因为这个命题，衍生出了许多教人解除苦难、去掉烦恼的法门。其实，人生的一切烦恼，归根到底就是在生活中没有学会放下，使身心劳累，精神负担沉重，因而生活也变得越来越累，越来越辛苦。

中国还有句老话：天下没有解不开的结。禅宗大师六祖的法号为“惠能”，据说六祖本人虽不识字，但天生聪颖，听法即悟，与孔子、老子并称为“东方三大圣人”，佛教禅宗传到了第五祖弘忍大师，当时在湖北的黄梅开坛讲学，手下有弟子五百余人，最优秀者当数大弟子神秀大师。

弘忍渐渐老去，但他对神秀并不太满意，想另寻一个继承人，于是对徒弟们说，大家都作一首有禅意的诗，看谁作得好就传衣钵给谁。

神秀很想继承衣钵，于是他就在半夜起来，在院墙上写了一首偈子：“身是菩提树，心为明镜台。时时勤拂拭，勿使惹尘埃。”意思是，要时时刻刻地去照顾自己的心灵和心境，通过不断的修行来抗拒外面的诱惑。第二天早上大家看到了这首诗，知道是神秀作的，都说好。

这首诗也被厨房里的一个火头僧——惠能听到了。惠能不识字。他听别人说了这个偈子，自己也作了一首诗，央求别人写在了神秀的偈子的旁边，就是："菩提本无树，明镜亦非台。本来无一物，何处惹尘埃。"心本来就是空的话，就无所谓抗拒外面的诱惑，任何事物从心而过，不留痕迹。

弘忍看到这个偈子以后，当即传了衣钵给他，让惠能连夜远走南方，隐居15年之后在曹溪宝林寺创立了禅宗的南宗。

惠能来到岭南之后，在广州的一家寺庙听法师讲经。当时正好一阵大风吹过，一个和尚说，这是风在动，另一个和尚说，这是幡在动，惠能站出来说道："这不是风动，也不是幡动，是你们的心在动。"正在讲座的法师闻之而惊，于是拜他为师。

名利地位，私心欲念，声色犬马，都是人们穷尽一生想得到的，该放下的就得放下，什么都想要，什么都想抓在手里，其实反是累赘。不少功成名就之人，或捐资济世，或甘于淡泊，他们勇于"放下"；他们在"放下"的同时，其实已获得了意外的幸福，就是心境的安宁。

有一段时间，央视对普通民众进行的随机调查"你幸福吗"成了大众口中的热议话题，足以证明现代人的压力之大。据世界卫生组织统计，压力已经成为了人类健康的第一大杀手。无时无刻不在面对着各种有形的无形的压力：上学压力、就业压力、工作压力、人际压力、家庭压力、住房压力、养老压力……只要你还想食人间烟火，这些压力都是不可避免的，甚至影响到了正常的工作和生活，形成了恶性循环。而实际上，"本来无一物，何处惹尘埃"，若是我们能做到万事不萦于怀，把这些东西统统放下，压力自然就烟消云散了，心情自然就轻松愉快了。

北方的天气经常有暴雪，总有一些树木被雪压倒、压垮。然而，也有一些树，在大雪堆积的时候仍然安然无恙，因为，在下雪天，当树上的雪积到一定程度时，它们那富有弹性的枝丫就会向下弯曲，直到雪从枝上滑落。这样反复地积，反复地弯，反复地落，因此完好无损。可有些树，却因为没有这个本领，树枝都被压断了。

在生活中，我们会遇到各种各样的烦恼、方方面面的压力。这时候，我们需要像树那样有弹性，主动弯下身来，释下重负，让积雪落尽之后，就又能够重新挺立了。这主动的弯曲，并不是低头或失败，而是一种放下的艺术。

宋代的吕蒙正是历史上第一位平民出身的宰相，也是第一个书生宰相、状元宰相，是宋朝当宰相经历过三朝的两个人之一。他胸怀宽广、气量宏大，有大将风度。当吕蒙正初次入朝的时候，有一个官员指着他说："这个人什么水平，居然也能当参政吗？"吕蒙正假装没听见，付之一笑。他的同伴为此愤愤不平，要质问那个官员叫什么名字。吕蒙正马上制止他说："一旦知道了他的名字，难免记恨，一有机会了，就想报复，不如不知道的好。"当时在朝的官员都很佩服他的豁达大度。

吕蒙正性格宽厚，同僚们有时候有事就自己做主了，也不告诉他，他的儿子很生气，说别人架空他的父亲，职权多被同僚瓜分。吕蒙正笑着说："我本来就没什么本事，能坐上这位置，只是因为我善于发现人才罢了，我做宰相，人若不尽其才，才是我真正的失职啊！"

吕蒙正做了宰相还没多久，有人揭发蔡州知州张绅贪赃枉法，吕蒙正查明事实真相，确实如此，于是秉公办理，就把他免了职。

没想到，这一来得罪了朝中的大臣，朝中有人对太宗打小报告说："张绅是一方富豪，家产甚多，有的是钱，他怎么可能为了一点钱犯贪污罪呢？这都是因为当初吕蒙正还没有当官之时，家里太穷，揭不开锅，曾向张绅要钱，张没给他，所以他一做了宰相，就开始报复了。"

太宗听了，信以为真，而且其他的大臣都知道了，大家在背后议论纷纷，吕蒙正也听说了这样的事，但他什么也没说。太宗以为张绅确实是清白的，就恢复了张的官职。后来其他官员在审案时又得到张绅受贿的证据，又被免了职，太宗这才知道冤枉了吕蒙正，很不好意思地对他说："原来张绅果然是贪污受贿，朕当初错怪你了。"吕蒙正只说："我早就知道了。"不辩亦不谢，果然是"宰相肚子能撑船"。

世间没有解不开的结，给别人留余地就是给自己留余地，给别人方便就是给自己方便。人海茫茫也会狭路相逢，你今天得理不饶人，又怎么知道他日会不会与那人相遇呢？与人相处留有余地，既不让别人难堪，又会让自己活得舒坦，何乐而不为呢？

"智者无为，愚人自缚"，人通常喜欢给自己套上各种枷锁和压力。所以说"放下"，不仅是一种解脱的心态，更是一种清醒的智慧。但是，所谓的"放下"不是说什么都不要，而是说究竟要什么，要多少，这才是最重要的。正如利奥·罗斯顿说过："你的身躯很庞大，但是你的生命需要的仅仅是一颗心脏。多余的脂肪会压迫人的心脏，多余的财富会拖累人的心灵，多余的追逐、多余的幻想只会增加一个人生命的负担。"而人生苦短，把多余的压力和负担去掉，才能享受真正的人生快乐。

◎有心攀比，幸福打折扣◎

是人都有攀比之心，这无可厚非，但是不幸往往来源于抱怨，而幸福也是往往来源于抱怨。我们如果从有些角度来做比较，就会发现自己真的太幸运、太幸福了。但也有句话，叫人比人，气死人，如印度著名电影《三傻大闹宝莱坞》里有句台词：朋友们遇上挫折了，让我们很郁闷，但是，朋友们过得太一帆风顺了，同样也让我们郁闷。生活中这样的现象很多，我们如果发现身边的这个升官了、那个发财了、住楼下的中大奖了、在对面摆早点摊的买汽车了。这样的信息总会强烈地打击着我们的自信，使我们感觉郁闷无比。

李华是个“北漂一族”，在外打拼多年，终于小有成就，升职为主管，薪水加了不少，年薪达到了10万多元，于是在春节的时候，他用多年的积蓄买了一辆10万元左右的小汽车，与妻子、女儿一块儿风风光光地回老家过年。

没想到，在年前参加同学聚会时，李华的好心情一下子就不复存在了。原来，聚会同学开来的小车都比他的高级，绝大部分在20万元以上。再一打听，在场同学们有的升了副处级，虽然工资不高，但也是当地的头面人物，有的自己做生意了，现在资产至少也达到了千万元，有的借助父母力量，购置了好几套住房，光是房租，就比李华的工资高，总之，大家都混得风生水起。相比之下，李华属于穷人了。因此，整个聚会过程中，李华一直闷闷不乐。回到家后，心想自己奋斗了这么多年，仍然落在同学后面，他一个晚上也睡不着觉。第二天，李华就带着一家人回北京了。但同学们的风光无限还是不断地刺激着他，使得他在整个春节期间都郁郁寡欢。

像李华这样盲目与人攀比，结果只能是自讨没趣。所以，很多心理学家认为，有很多人之所以不快乐，那是因为他们的心态不满足。而心态不满足的原因有两个，要么是不追求实际——比如扫大街的人希望月薪能有 1 万元，要么找错了参照物——与李嘉诚相比，自己真是太穷了。

马克思曾经说过，一座小房子，在周围的房屋都是这样的小“鸟巢”的时候，它是完全能够满足这个人对住房的心理需求的，但是一旦在这座小房子的近旁耸立着一座带有小花园的洋房别墅，这座小房子就缩成可怜的茅舍模样了。当然，浮沉不乱、宠辱不惊，坦然接受自身现实的人也是有的。但是，大多数的人都会不择手段地追名逐利，或者死要面子地盲目攀比，结果只能是劳心伤神，疲惫不堪，攀比心一起，心理必然失衡，幸福感大打折扣。

有一幅画名叫“知足常乐”，画面上的内容是：一个骑高头大马的人昂首走在前面，一个骑毛驴的人悠闲地走在中间，走在后面的是满头大汗推着小木车的老汉。这画上面还有几行诗：“世上纷纷说不齐，他骑骏马我骑驴，回头看到推车汉，比上不足下有余。”这幅画是在告诫我们：安于现状是福！接受现状，不抱怨者，还能自我安慰者才能常乐。

如果你早上起床的时候，身体健康，没有疾病，那么你就比在医院里度日如年的病人幸福，因为他们不但忍受着身体，还忍受着心灵的折磨，因为他们的家人和他们一样痛苦；如果你能够随便出入大街小巷，没有任何被威吓、被施暴、被杀害的危险，那么你就比非洲、南美这些动荡不安的国度里的国民们幸福；如果你的冰箱里有食物，身上有衣服，有房住，有床睡，那么你就比无数流离失所、在立交桥下或垃圾箱边栖身的人幸福。正如，在电影《求求你，表扬我》中，记者王志文问：你说什么是幸福？农民工范伟答：幸福啊？幸福就是我饿了，看见别人拿了个肉包子，那他就比我幸福；我冷了，看见别人穿了一件厚棉袄，那他就比我幸福；我上茅房，只有一个坑，你蹲了，你就比我幸福。

明朝有一个叫胡九韶的人，他家境十分贫苦，一边教儿子读书一边耕种，勉强维持温饱。但每天黄昏时，胡九韶都要到门口焚香，向天拜九拜，感谢上天又赐给他一天的清福。妻子实在看不下去了，笑他说："我们一日三餐，能吃粥就不错了，一年到头都吃不到几顿肉，怎么谈得上是有福气呢?"胡九韶说："话不是这么说的，虽然我们吃得不好，但我们生在太平盛世，没有战争兵祸，我们全家都能安安稳稳地守在一起，都能有饭吃，有衣穿，不至于挨饿受冻，家里床上没有病人，监狱中没有囚犯，这不是幸福又是什么呢?"

胡九韶的这种想法可不是阿Q精神，他的这番话实实在在，蕴藏着深刻的人生哲理。如果失去了这种安之若素的平常心，总是和别人较劲、攀比，越比就会觉得缺少的东西越多，越比就会对自己越没有信心，这样天天自怨自艾，对事实有什么改进作用吗？只会让自己天天郁闷罢了。

"生死有命、富贵在天"，这句话虽然消极，但说明了每个人都有自己的生活方式。日子该怎么过还得怎么过，只要自己开心就好，若是心里失衡时，不妨想想比自己境遇更差的人是怎么过的。

古希腊哲学家伊壁鸠鲁在《论快乐》中说："无论是拥有巨额财富、荣誉，还是芸芸众生的仰慕，或任何其他导致无穷欲望的身外之物，都无法了结心灵的烦扰，更不能带来真正的快乐……凡满足天性者，一点一滴便足以使人富有；而若是填补欲壑，纵然是万贯家财，所带来的也不是富有，而是贫困。”

我们生活在这大千世界里，每一个人都有各自不同的境遇，但不管你的命运是沧桑还是平淡，无论你的生活是艰难还是甜蜜，无论你的事业是辉煌还是平凡，如果有心攀比，那永远不会有满足的那一天，只有放下身段，安于现状，知足常乐，才能过得顺心适意。

◎无欲则刚，平平淡淡才是福◎

我们大多数人在大多数时间里都处在工作、上班、学习这种按部就班、周而复始的平淡状态之中，对甘于平淡的人来说，这就是生活的常态了。可是，有的人却老是不甘心如此波澜不惊地活着，觉得这样的人生太过乏味，毫无刺激可言，但是，如果抱怨生活太没劲，并想方设法加以改变的话，那“不平淡”很有可能变成“大麻烦”。

有个弟子问著名的慧海禅师道：“师父，你到底有什么与众不同的地方，每天都活得如此开心，好像从来没有什么烦恼一样？”慧海回答说：“我哪有什么秘诀，其实这个秘诀人人都有啊，就是困了睡觉，饿了吃饭。”

初听到这个答案的话，肯定会大吃一惊，这算什么与众不同，每个人都是这样子的呀？但对慧海来说，我吃饭的时候就是吃饭，其他的什么也不想，吃得安心舒坦。睡觉的时候就睡觉，所以也从来不做噩梦，睡得轻松自在。这样的人生，才潇洒如意，从容自在。

著名漫画家蔡志忠说：“我用 10 年的时间名满天下，赚了 1000 万。

倘若重新给我选择的机会，我只用这10年去看看高山，听听流水，别的什么也不做。”王蒙说：“我更倾向未成名前简简单单的读书生活。”

李叔同是“二十文章惊海内”的大师，出生于富贵之家，享尽荣华，众多现代文化名人以得到大师一幅字为无上荣耀。他是向中国传播西方音乐的第一人，所创作的《送别》，历经几十年传唱，仍经久不衰，成为经典名曲；他凭借着卓越的艺术造诣，先后培养出了名画家丰子恺、音乐家刘质平等一些文化名人。

人到中年的李叔同，名声如日中天，他似乎渐渐厌倦了浮华声色，内心渴望着一份安宁和平静，生活方式也渐渐变得内敛起来。1917年，李叔同在虎跑寺中见了马一浮的朋友彭逊之在虎跑寺出家的情景，内心大受感动，便于当年正式皈依三宝，成为了一名在家弟子，法号弘一。

弘一法师恪守教义，生活简朴，一日只食一餐，而且不吃菜心、冬笋、香菇等蔬菜，因为这些菜的价格比其他素菜要贵几倍。除却三衣破衲、一肩梵典外，他身无长物，却不受人施舍。挚友和弟子供养的净资，也被他全都用来印佛经了。此前，他把所有家当分送给友人、同事和学生，将平生所刻印章送给西泠印社。夏丏尊回忆说：“我所得的是他历年写的字，他所有的折扇及金表等。”

弘一法师也是从绚丽之极迅速归于平淡之至的一个典范。很多人不理解弘一法师的选择。它不是性情怯弱者的自暴自弃，更不是看破红尘后的心如死灰，而是历经繁华、看破风雨后的大彻大悟。

著名作家孙犁虽然是“荷花淀派”的创始人，集作家、编辑于一身，对于权力和名利，孙犁似乎一向敬而远之。据他的女儿回忆，好几次，北京文化界、戏剧界领导到天津，市里派车来接孙犁去见这些地位高、名声大的人，但孙犁都没去。天津市作协和文联都曾给孙犁留有位置，但他哪儿也不去。获得诺贝尔文学奖的作家莫言也曾感慨道：“中国只有一个孙犁。他既是一个大儒，又是一位‘大隐’。”

1990 年 9 月 27 日，77 岁的孙犁特地写了一个“本室小启”，告诉前来拜访的人们，自己“一不接受采访；二不接受摄影、录像；三不谈小说改编”。老人还专门注明，“皆因身体关系，敬希谅察”。

他的女儿曾亲眼看到，外地电视台一群小伙子，扛着摄像机到了家门口，手里还拿着父亲朋友的介绍信，但父亲还是坚持将他们打发走了。为此，孙犁幽默地说：“这些年我少吃了好多好东西啊！”

“采菊东篱下，悠然见南山。”陶渊明的这句诗道出了人生的真谛，那就是在平淡的生活中，拥有一颗平常心，这样的人生一定会简单而幸福。孔子说：“君子坦荡荡，小人长戚戚。”一个心平气和的人自然俯仰无愧，心如止水，也不会引起什么灾祸。只有庸人、小人、闲人才整天为闲事、琐事忙碌，为依附权势争夺名利奔波，为闲言碎语费尽心神。可见他们的思想境界很低，没有意识到自己的可笑、可悲。成功之道，在于顺其自然，平淡的生活能让人不受名利的驱使、欲望的煎熬，所以那些前辈大师们才能甘于平淡，并在平淡中取得巨大的成就。

什么是平常心？平常心就是不抱怨，不痴心妄想，不矫情造作，它是一种潇洒自如的生活态度。生活顺其自然，不要为一些鸡毛蒜皮的小事耿耿于怀，更不要去刻意掩饰什么或者戒备什么，到达“无欲无求”的境界。这里的“无欲”是相对的，指不求名、不求官、不求利，长存知足常乐、平安是福的心态。

据说英国一专门研究快乐来源的国际组织，曾对 4000 名来自不同国家的人进行跟踪调查，得出的结论是——中产阶级的人往往生活得更快乐，这两个结论看似有些违背常理，因为很多人认为钱越多越幸福。实际上，钱不在于多，而在于恰到好处。既不用为衣食住行而发愁，也不用为钱太多了整天操心怎么理财、怎么投资赚更多的钱等。

做人太复杂，总要去殚精竭虑地思前想后，平衡得失。这样一来，精神时刻绷得紧，思想得不到清净，心情得不到快乐，幸福也就成为了天方夜谭。因此，我们不妨简简单单做人，在简单中体味幸福的人生。

◎金钱身外物，贪心的人失去更多◎

人活在世上，大多数人看得最重的，可能就是金钱了，正如那句大俗话所说：钱不是万能的，但没钱是万万不能的。但是，如佛家所言“有求皆苦”，人为什么不知足，就是因为人性有一大弱点——贪婪。贪得无厌、欲壑难填，总想得到更多。人生的道路上，很多人都有贪得无厌的心态，从而做出许多因小失大的事情，使自己遗憾终生。

春秋初期，晋国传至献公，积极扩军，拓展疆土。他是一个眼光立足长远的人，为了夺取崤函要地，决定南下攻虢。但虞国和虢国正好相邻，为晋攻虢的必经之途，要伐虢国就必须经过虞国，如果虞国不让晋国的军队过境，晋国就束手无策。这两个小国虽然势力不大，但两国世代相交，一方受难，另一方必然全力支援，晋献公很想吞并虞国和虢国，但一直没有什么好的借口，又很忌惮两国的结盟，所以一直在等待机会。

大臣荀息对晋献公说：“虞国的国君虞公是个目光短浅的小人，见钱眼开，我们将国宝送给他，他一定肯答应借我们一条路，让我们通过虞国。”

荀息说的“国宝”是指晋国马厩中原产于屈地的千里马和国库中原产于垂棘的璧。晋献公还真有点儿舍不得，叹息着说：“这可是我最喜欢的宝物啊！”

荀息说：“这有什么为难的呢？我们把千里马和璧送给虞公，不过是把千里马从这个马厩牵到那个马厩中，把璧从这个仓库放到那个仓库中，再说，再贵重的国宝，也比不上疆土啊。”晋献公就接受了他的建议，派人把自己最喜欢的千里马和璧送给虞公，并且提出要借道讨伐虢国。

虞公看见两件宝物，高兴得心花怒放，马上答应了晋国的借道请求。他的谋臣宫之奇劝他说：“我国和虢国唇齿相依，一个亡了，另一个也不会长远，晋国灭掉虢国之后肯定不会罢休，说不定会顺便连我们也灭掉。”虞公说：“晋、虞是同宗，他们不会相欺，再说，晋国送给我们这么好的宝物，这样一个小小的请求我们怎么能拒绝呢？”

晋国果然破城灭虢，然后班师，暂住虞国休整。虞公大大方方地同意他们就在国内暂歇，晋军乘虞不备，发动突然袭击，俘虞公，灭其国。

晋国君臣能针对虞公贪利爱财的弱点，诱之以利，迷惑其心智，使其始终被利所图，由自己牵着鼻子走。不但宝物失而复得，还灭掉了两个国家，壮大了自己的实力和声威。反观虞公，就是个典型的鼠目寸光之辈，不但宝物没能到手，连国家都被灭掉，自己也成了阶下之囚。

天下熙熙，皆为利来；天下攘攘，皆为利往。古人所说的这个“利”字指的就是金钱。人生在世，追求财富本也无可厚非，但一定要拿得起放得下。有没有钱不是关键，重要的是你如何看待钱。金钱的作用是什么？不就是用来过日子、干事业或者做善事的吗？钱这个东西，生不带来，死不带去，当花则花，只要用在合适的地方，就是发挥了它的作用，太过爱惜钱财，肯定会在其他方面失去更多。

春秋时候，范蠡辅佐越王勾践卧薪尝胆，报仇雪恨之后，急流勇退，在齐国更名改姓，做买卖，成了一位大富翁，自称“陶朱公”。

范蠡本来有两个儿子，大儿子跟在身边，二儿子行游列国。范蠡成为陶朱公之后，在陶地又有了一个小儿子，从小骄纵，是个标准的纨绔子弟。

有一天，范蠡得到消息，说他的二儿子杀了人，被囚禁在楚国。范蠡马上想到请原在楚国的老朋友出面将儿子赎回来，于是便让他的小儿子带上许多钱，去楚国搭救兄长。

范蠡的大儿子却不同意，说他愿意替弟弟去。范蠡知道大儿子很看重金钱，而去找他人打点帮忙是最花钱的事，于是不同意他去。但是大儿子很坚持，甚至举刀要自杀，范蠡只得同意了。

临走之前，范蠡写了一封信，让大儿子交给他的老朋友庄先生，并且叮嘱他说：“到了楚国，把家里带去的黄金都交给庄先生，不要多说话，立刻回来。”大儿子满口答应。为了更保险，大儿子又偷偷地带了许多黄金。

范家大儿子到了楚国，找到庄先生，递上书信和黄金。这位庄先生并没有推辞，只对范家长子说道：“你的事情很快就会办好的，你赶紧离开这里吧。”

范家长子见庄老先生这样处理问题——收了自家的金子，一句客气话也没有，还让他立刻就走，他心里很不痛快。于是他并没按庄先生所说的那样去做。而是打算自己想办法救弟弟。

他想办法结识了楚国的一些贵族。把自己私自带来的黄金送给这些贵族，让他们也帮忙。

事实上，那位被范蠡寄予厚望的庄先生，虽然看起来落魄，但是他在楚国却有极高的威望，连楚王都对他言听计从。庄先生接到范蠡的书信后，立刻去见楚王，对楚王说：“最近我观察星象对楚国不利，大王需要注意。”

楚王信以为真，便问庄先生如何办才好。庄先生说：“只有施行仁政，方能免除灾祸。”

于是楚王便准备大赦，朝中一些重要的大臣知道了这件事，这其中包括那些受了范蠡大儿子贿赂的人。他们连夜找到范蠡的大儿子，告诉他这个情况。

范蠡的大儿子听后高兴极了。但是他马上又想到：“我弟弟出狱是理所应当的。那姓庄的老头没帮任何忙，还白收了我这么多钱，真不像话。”

他越想越生气，于是便登门去索取那钱财。

庄先生见到范家长子吃了一惊，问道：“你还没回去？”

范家大儿子说：“我听说国王将要大赦，我的弟弟马上要放出来了，我特地来向您老辞行。”

庄先生何等聪明，立即明白了范家长子的心思，便对他说：“你弟弟这次出来，我也没有帮上什么忙。你将带来的黄金带回去吧。”这位大儿子一点不客气，取了黄金便走人了。

庄老先生生气了，盛怒之下，连范蠡的老交情都顾不上了，又去见楚王，对楚王说：“大王要实行仁政是好事，可是我在外面听见人们这样说，陶朱公的孩子杀了人被囚禁在我国，人们都说，大王您不是为了怜悯人民去实行大赦的，却是为了陶朱公的金子。”

楚王听了大怒：“陶朱公再有钱，与我有何关系？”于是，便下令将范家的二儿子先处死，然后才实行大赦。

长子带着弟弟的尸体回家了。母亲和乡邻们都十分悲痛，只有陶朱公说：“我就知道老大救不了老二，不是他不爱自己的弟弟，只是他从小爱惜钱财，肯定不舍得花钱，而小儿子花钱大手大脚，所以出手大方。老大不能弃财，所以最终害了自己的弟弟。”

过分追逐金钱与一毛不拔都容易让金钱主宰自己的思想行为，让自己作出错误的抉择，把金钱完全不当回事的人，一辈子可能都只是穷人，而只认钱的人也难以有所成就，只会是一个斤斤计较蝇头小利的可怜虫而已。对金钱，我们要持有一个“适度”的态度，不能看得太重，也不能完全把它不当回事，这样才有助于修身养性、陶冶情操，也是一个人事业有成和发展的重要因素。

◎快乐来源于自己的心态◎

根据世界卫生组织最近一项各个国家幸福指数的调查，在接受调查的人中，只有1/10的中国人认为自己是一个快乐的人。有人说是因为中国人太穷，可是，幸福指数排在中国之前的印度比中国还穷；有人认为是因为中国人压力太大，可是，在哪个国家生活会没有压力呢？其实，我们每个人的快乐与痛苦都不是因为事情本身，而是我们看问题的态度。就像弥尔顿说的：“意识本身可以把地狱造就成天堂，也能把天堂折腾成地狱。”佛法也有“一切唯心造”的类似观点。也就是说，一切烦恼，皆由心生；一切痛苦，皆由心受；一切善恶，皆由心起。

古希腊的一位哲学家、一位银行家的儿子戴奥真尼斯奉行犬儒主义，拒绝任何多余的物质享受，住在借来的一只木桶里，整日以乞讨为生。另一位大名鼎鼎的哲学家亚历山大王听说了他的智慧，慕名去拜访他。

在希腊某条街道的路边，亚历山大见到了正躺在地上晒太阳的戴奥真尼斯。设想一下，一边是浩浩荡荡、万人簇拥的帝王，一边是衣衫褴褛、形容枯槁的乞丐，那也许是历史上的乞丐最风光的时刻了。亚历山大问："我能为您做点什么吗？"戴奥真尼斯说："有，到另一边去吧，别挡着我的阳光！"

一位外国作家说："贫穷是人的一种心理状态，感觉穷，所以穷。足与不足是相对的，是心灵感觉而已，心态好时，视不足为满足，心情糟时，满足成了不足。"由此可见，幸福人生的关键在于我们有什么样的心态，在于我们用什么样的观念来生活，德国哲学家叔本华曾经说："在一切快乐中，人的健康胜过任何其他快乐。我们可以说，一个身心健康的乞丐要比疾病缠身的国王快乐得多。"

这一天，孔子的四个学生子路、曾子、冉有和公西华陪老师坐着。孔子很随意地跟他们讲："因为我比你们年纪大，老了，没有人用我了。我平时老听见你们说，没有人了解我的志向啊！假如现在有人了解你们，打算起用你们，你们能做什么呢？"

子路最志向远大，他说："一个有1000辆战车的国家，面临内忧外患，我去治理它，三年就能使大家充满勇气，并且又很守规矩。"

冉有和公西华一贯比较谦虚，一个说："方圆六七十里或五六十里的小国家，我可以在三年内使人人富足，至于礼乐教化，那还要靠别人来帮忙。"另一个说："我的本领还不够，但愿意不断学习，在祭祀和外交典礼上，我可以穿戴整齐去做个小司仪。"

最后轮到曾子，他停止了弹琴，站起来说："我认为最快乐的事情是，到了暮春时节，就是阴历的三月，穿上新做的春装，在这个大地开化，万物复苏的季节，和五六个朋友一起，带上六七个小孩，在沂水里洗洗澡，在舞樗台上吹吹风，然后一路唱歌走回家。"孔子听了，羡慕得不得了："我的想法是与曾子一样的呀！"

这就是快乐，快乐就是一种发自内心的很舒服的感受，完全取决于我们自己对生活的态度，精神世界的快乐与物质世界是没有多大关系的。真正的快乐，无须拥有大把的钞票或豪华的住宅，而只在于平平淡淡的日常生活当中，因此，我们要在生活中去寻找那触手可及的快乐，来释放自己的压力，放飞自己的心情。

著名哲学家苏格拉底是个心境开阔、非常有智慧的人，但他的妻子却性情非常急躁，往往当众给这位著名的哲学家大难堪。

有一次，苏格拉底在大街上，在同几位学者讨论某个学术问题时，他的妻子不知何故，忽然大声叫骂起来，众人大惊。继而，他的妻子又提起一桶凉水冲着苏格拉底泼了出去，致使苏格拉底全身湿透。当学者们感到十分尴尬而又不知所措的时候，苏格拉底笑了，并且幽默地说："我早知道打雷之后一定要跟着下雨的。"

苏格拉底到底是哲学家，哲学家看问题总是与众不同。他说："我来告诉你吧，快活不能以笑声来做尺度，而要用愉快的感情和行动来衡量。"当苏格拉底打着赤脚、穿着破旧的长袍和披风，整天游荡在醉汉、鞋匠、小贩、老妇、艺妓之间时，他的弟子写道："他说他不做欲望的奴隶，所以一贫如洗的苏格拉底不回避不掩饰"，"他虽是光着脚，可说起话来却像一个君主，身后跟着一大群人。他对人群讲起话来，又动人，又快活……"恩格斯这样评价他的朋友马克思："他从来没有垂头丧气过。"马克思的女儿在回忆父亲时说，即使在生活最困难的时刻，也常常能在家里听到他爽朗的笑声。

与西方的哲学家相比较，东方人可能在"自制"方面做得更强一些。中国的国学大师季羡林一生都在工作，都在孜孜不倦地研究学问，但他到了耄耋之年，却感叹起来。他说，"一生忙忙碌碌，有时候整天连轴转"，因此觉得"生活枯燥乏味，干干巴巴"。

佛家说，相由心生，境由心造，快乐和幸福都不是他人给的，也不是用金钱买来的，而是要自己发现，自己寻觅，想想看，人的一生，在世的时间也就那么3万天左右，快乐过也是一天，郁闷过也是一天。因此，无论是为人处世，还是干工作过日子，都要时常保持一颗平常心，好运来了淡然一笑，麻烦来了平静面对，遇事不抱怨，快乐最重要。

第八章 把姿态放低，巧妙地达到自己的目的

◎出奇制胜，请将不如激将◎

俗话说："劝将不如激将。""激将"，主要通过比较隐蔽的各种手段，让对方进入激动状态。就是利用对方的自尊心和逆反心理，从相反的角度，经过巧妙地引导，以激起对方的情绪和热情，在下意识的冲动之下，不自觉地去干你想让他干的事。在正常的说服无法奏效的时候，"激将"，常常是一种出奇制胜的策略。

人是感情的动物。所以当正常的方式无法奏效时，千万别硬来，不妨转换一下思维，想方设法调动感情的力量，来激发他的主动积极性。比如对待傲气十足的人，这种人最听不得好话，更受不了刺激，你不妨从正面恭维入手，让他飘飘然，因为虚荣而顺从你的意图。或者是巧妙地明褒暗贬，激起他的怒火，达到你的目的。

三国时的诸葛亮是一个非常善于激将的高手，他对关羽，便采取此法。刘备招降马超之后，关羽听说马超神勇无敌，非要和他比比。关羽这人脾气之硬人人皆知，诸葛亮却笑着说此事好办。于是，诸葛亮给关羽写了一封信，内容是：我听说关将军想与马超比武。依我看来，马超虽然英勇过人，但只能与翼德这类武将并驱争先，怎么能与你美髯公相提并论呢？再说将军担当镇守荆州的征途，如果你离开了造成损失，罪过有多大啊！关羽看了信以后，非常高兴，笑着说："还是孔明知道我的心啊！"他还将书信给宾客们传看，打消了入川比武的念头。

关羽为人傲慢，不听人言，非得“智激”不可，诸葛亮对他略加吹捧，就消除了他的不满。而对猛将张飞，诸葛亮用的方法就直接多了。

马超率兵攻打葭萌关的时候，张飞听说了，大叫而入，主动请求出战。

诸葛亮佯装没有听见，对刘备说：“马超智勇双全，无人可敌，除非往荆州唤云长来，方能对敌。”

张飞愤怒地道：“军师为什么小瞧我！我曾单独抗拒曹操百万大军，难道还怕马超这个匹夫！”

诸葛亮依然摇头说：“马超英勇无比，天下的人都知道，绝非等闲之辈，就是云长来也未必战胜他。”

张飞被他激得硬要非去不可。

诸葛亮看激将法起了作用，便顺水推舟地让他立军令状。

结果张飞与马超在葭萌关下酣战了一昼夜，斗了220多个回合，虽然未分胜负，却打掉了马超的锐气，后被诸葛亮施计说服而归顺刘备。

诸葛亮深知张飞勇猛有余，智计不足，针对张飞脾气暴躁的性格，或说怕他贪杯酒后误事，激他立下军令状，增强他的责任感和紧迫感，避免轻敌，应该说这也是相当有效的。

诸葛亮是一个非常善于洞察形势，深谙人性特点的激将高手，加之言辞锋利，不管对方是谁，由他出马说服，必能马到成功，这一点，深刻地体现在赤壁大战上。

“联吴抗曹”，是诸葛亮“三分天下”的战略中非常重要的一招，当刘备被曹操追得无路可逃时，诸葛亮为商议与东吴联合抗曹之事，在鲁肃陪伴之下来到东吴。但是，东吴大臣们对此并不赞同，同诸葛亮展开了一场“舌战”，诸葛亮以秋风扫落叶之势，将他们一一说服，对各种不利于孙刘联兵抗曹的言论，针锋相对，不拖泥带水。

很快，诸葛亮与孙权直接会谈。他看到孙权“碧眼紫髯，堂堂仪表”，立即认为对手有很强的自尊，“只有激，不可说”。诸葛亮先把曹操的实力格外添油加醋地描述了一番，并直接建议他如果不能早下抗曹决心，不如干脆投降。

孙权果然耐不住性子，问道：“刘豫州何不降曹?”于是诸葛亮抓住这个话茬，掷地有声地道：“古代无数英雄人物，犹守义不辱。况刘豫州英才盖世，众士仰慕。事情成败乃是天意，又安能屈处人下乎!”激得孙权勃然变色，退入后堂。

诸葛亮深知孙权的心理已发生剧烈动摇，问题的关键之处，在东吴主将周瑜身上，于是，在只有鲁肃在场的私人场合中，故意对周瑜道：“曹贼势大，不如就此投降，还能保住身家性命。”

鲁肃听诸葛亮这么一说，不觉勃然大怒说：“你要叫我主屈膝受辱于国贼吗?”

诸葛亮倒十分平静，而且显得胸有成竹，又露出几分神秘地说：“其实我有个好计，只要派个使者，用一叶扁舟把两个人送到江北就行。曹操一得这两个人，百万大军便会卸甲卷旗，退回中原。”

周瑜感到很惊奇，连忙问：“用两个什么人，能够使曹兵退走?”诸葛亮并不直接回答，还是强调说：“江东去掉这两个人，丝毫无损。而曹操得到，必定大喜而去。”

周瑜越听越感兴趣，催他快说。诸葛亮这才缓缓说道：“我在隆中没出茅庐之前，就听说曹操在漳河新造了一座铜雀台，广选天下美女。曹操本是个好色之徒，他听说江东乔公有两个女儿，大女儿叫大乔，二女儿叫小乔，都有绝世之貌。曹操曾经发誓说：‘我平生一愿是扫平四海，成就帝业；另一愿是得到江东二乔，安置在铜雀台，一生就无恨了。’现在他虽率领百万大军，虎视江南，其实根本为的是这两个女子。”

周瑜听了，有些半信半疑，又不露声色地问道：“曹操想得这两个女子，有什么东西能证明？”诸葛亮说：“曹操的小儿子曹植，才思敏捷，下笔成文。曹操曾命他作过一首《铜雀台赋》，单表曹操平生两愿，一是做天子，二是誓娶二乔。”周瑜还是很沉得住气，让诸葛亮背诵出来。诸葛亮即刻背诵了这篇赋，只是巧妙地将“揽二桥于东南兮”改成了“揽‘二乔’于东南兮”。

果然，诸葛亮刚吟到这里，周瑜就气得暴跳起来，他离开座位手指北面骂道：“这老贼真是欺我太甚！”诸葛亮故作吃惊，周瑜说：“先生有所不知，这大乔是孙策将军的主妇，而小乔则是我的妻子呀！”

诸葛亮赶忙作出诚惶诚恐的样子道歉，周瑜咬牙切齿道：“我与那老贼势不两立！”诸葛亮又敲边鼓说：“事须三思，免得后悔。”周瑜这才表明态度：“先前所说的，不过是想试探二位的态度。我早有北伐之心，望孔明助我一臂之力，共破曹操！”诸葛亮慷慨答应：“若蒙不弃，愿效犬马之劳，早晚听凭驱使。”

诸葛亮这次激将，目标是年轻英武、足智多谋的周瑜，难度是相当大的。周瑜最后自称早有北伐之心，是实话，但不完全。应该说，开始时周瑜是掌握着主动权的，他表示投降之意，既是试探，也是想争取与刘备结盟。周瑜是对孙权决策影响最大的人物，一旦抗曹开始，他必然是主帅，诸葛亮于是异想天开地利用谐音字，谎称曹操有染指孙策遗孀大乔和周瑜妻子小乔的念头，激得周瑜失去理智，将自己与曹操势不两立的意愿和盘托出，这样，主动权便转到了诸葛亮这边。

一个只逞一时之快的人很难有“激将”的胆识和心智，因为这不但要对人性有深刻把握，还要冒着巨大的风险，给自己一方带来严重的损害。最重要的，是要把自己放在“配角”的位置上，站在他人的立场上，并能让其他人都感觉，你确实是在为对方着想的，必然能取得对方的信任，达到意想不到的正面效果。

◎无路可退时，适当地要要“无赖”◎

读过鲁迅先生《阿Q正传》的人，肯定都会记得阿Q偷了静修庵里的萝卜后与老尼姑的那段“精彩对白”：

“阿弥陀佛，阿Q，你怎么跳进园来偷萝卜？”

“我什么时候跳进你的园里来偷萝卜了？”

“这不是？”老尼姑指着阿Q的衣兜。

“这是你的？你能叫得它答应你么？”说着阿Q转身就跑。

阿Q去偷萝卜，被人逮了个正着，人赃俱获，境遇是相当尴尬的，他居然能像模像样地梗着脖子不承认，甚至反问对方“你能叫得它答应你么？”让那老尼有如“秀才遇到兵，有理说不清”！这也只有“死猪不怕开水烫”的阿Q才能做到。

类似阿Q这种泼皮式的做法，大多为正人君子所不齿，其实，在某些特定情况下，正常的交涉方法往往无法达成目的，这时不妨放低身段，适当地要要“无赖”，反而可以收到奇效。正如《孙子兵法》所说：用兵之道，以正合，以奇胜。一切都是在变动中的，唯一不变的就是“变化”，所以我们在行动与策略上要讲究弹性。道理不是绝对的，谬误也只是相对来说的。当时当地，哪种方法最实用，就采取哪种方法。

司马相如与卓文君之间“凤求凰”的故事可说是家喻户晓，但这故事背后的尴尬就很少有人提到了。司马相如是著名的大才子、音乐家，早年家贫，并不得志。卓文君的父亲卓王孙是汉代的大富豪，卓文君本人在当时也是一位才女，因丈夫去世返回娘家过寡居生活，自然是面对春花秋月，感物伤人，倍感凄凉。

司马相如游历蜀地，和当地名流多有接触，而卓王孙为拉拢当地官员，在一次宴会时特意邀请司马相如作陪。司马相如得知卓王孙之女卓文君美貌与才华并重，心生倾慕，趁着在卓王孙家做客的机会，拿出全副本事奏了一首《凤求凰》，卓文君也久慕司马相如之才，遂躲在帘后偷听，琴中求偶之意如何听不出。

这本是一段“郎才女貌”的佳话，但受到了卓王孙的强烈阻挠，没办法，卓文君不顾嫌隙，雪夜私奔至司马相如所住客舍，第二天索性双双驰归成都司马相如老家。

而浪漫过后，难题来了，司马相如本是一穷光蛋，养活自己都困难，更别说还多了个老婆，而卓文君的父亲恼怒自己的女儿丢了家庭脸面，拒绝接济他们。

无奈之下，司马相如想出了一个法子，他知道岳丈家里很重视形象，是当地的有头脸的人物，于是便带着卓文君卖掉车马，回到临邛，在岳丈家对面租了一间屋，开了一家小酒店。卓文君放下千金小姐的身份，当垆沽酒，司马相如这一位名动蜀中的大才子更是穿上犊鼻裤，与酒保佣人一起洗盘子。

这在当地引起了不小的轰动，小酒店门庭若市，热闹非凡。卓王孙闻知女儿女婿就在家门口，干出这等丢身份的勾当，本想不管，但迫于颜面，也经不起亲朋好友的疏通劝解，迫不得已分给他们大笔钱财，并厚备妆奁，把他们接回了卓家。

司马相如与卓文君的要挟战术，颇有几分泼皮无赖精神。反正我已经走投无路了，到了这步田地，还要那面皮做甚？要丢人现眼，索性一块儿丢了吧！

人生有如战场，筹码多，胜算就大，而采取适当的无赖战术，可以帮我们增加手中的筹码。所谓“兵不厌诈”，往往放不下身段，好面子的人吃亏更多，而实实在在的“身段”是不能当饭吃的，放一放也无妨。只要能达成目的，一切必要的手段都可以实施和应用。

在中国历史上，还有一位叫“相如”的人，也是深谙“无赖”战术的高手，他就是赵国名相，“完璧归赵”故事中的男主角蔺相如。在完璧归赵的整个过程中，面对强秦的无赖与欺诈，蔺相如以牙还牙，逼迫秦王放弃了和氏璧，保全了赵国尊严。

赵惠文王偶然得到了天下至宝——楚国的和氏璧，秦昭王听说后，心痒痒的，便信告赵王，愿以十五座城池相换。赵国君臣经过讨论后，觉得这倒是门好生意，就是风险太大，答应吧，以秦国的一向作风是肯定不会拿城池来交换的；不送去，又担心强秦来攻打；不给秦回信，那更是给了强秦口实，于是，赵惠文王任命蔺相如做使臣，带着和氏璧来到秦国。

秦昭王在章台接见蔺相如，蔺相如双手捧璧，献给秦昭王。秦昭王接过璧，果然纯白无瑕，宝光闪烁，雕镂之处，天衣无缝，真不愧是稀世之宝。秦昭王欣赏了良久，看够了，又依次递给妃嫔、文武大臣和侍从们欣赏。

秦国君臣把这块玉璧传来传去，赞赏不止，却绝口不提以城换璧的事。蔺相如心想，秦国是肯定不会以城换璧了，说不定就这样把这块玉璧留在宫里，那可就要不回来了，一块玉璧倒是小事，丢了国家脸面，那可是赔不起的。蔺相如思忖良久，心生一计，对秦昭王说：“这块宝玉很好，就是有点小毛病，让我指给大王看。”

秦昭王听后，就把璧交给他。蔺相如接过璧，迅速后退几步，身子靠着柱子，义正词严地对秦昭王大声说道：“我来之前，赵王告诉我，大王想要这块美玉，答应用十五座城来交换，现在大王拿到了璧，却只字不提换城的事情，不知大王有没有用城换璧的诚意。现在玉璧在我的手里，如果大王一定要逼迫我交出来，我情愿自己的脑袋和这块宝玉在柱子上撞个粉碎。”说罢，举起和氏璧，眼瞅柱子，作势向柱子砸去。

秦昭王一来怕蔺相如把璧砸坏，二来也担不起逼杀一国之使的恶名，赶忙赔礼道歉，请他不要那样做。为了表示自己没有欺骗赵国君臣的嫌疑，还叫来掌管地图的官员送上地图，指给他看那十五座城在哪里。

蔺相如不是好蒙骗的主，他自然知道秦昭王现在不过是装装样子而已，绝对不会把城给赵国，于是又说：“这块和氏璧，是一位赵国人冒着生命危险为赵王开采的，赵王非常喜欢，如果大王也喜欢的话，赵王愿意割爱。但在送走这块璧的时候，赵王斋戒了五天，还在朝廷上举行隆重的仪式。现在大王要接受这块璧，也应该斋戒五天，然后在朝廷上举行九宾之礼，我才能把璧献给大王。”秦昭王被蔺相如逼得无话可答，便答应斋戒五天，然后，又派人送蔺相如到宾馆去休息。

到了宾馆，蔺相如马上选了一名精干的随从，让他打扮成普通老百姓，揣着和氏璧，悄悄地从小路连夜赶回赵国去了。

秦昭王果真老老实实地斋戒了五日，在朝廷上设了“九宾”的礼仪，延请赵国使者蔺相如。蔺相如坦然地告诉他，玉璧已经送回赵国了，并义正词严地说：“秦国自从穆公以来的20多位君主，基本就没有坚守国与国之间的契约的。我实在是怕被大王欺骗，辜负了赵王的重托，所以派人带着璧回去，已经到达赵国了。如果大王真有以城换璧的诚意，那以秦国的实力，大王派一个使臣到赵国，赵国会立刻捧着璧送来。我知道欺骗大王的罪过应该处死，我自愿受汤镬之刑。希望大王和大臣们仔细考虑商议这件事。”

秦昭王得知玉璧已经送回赵国了，气得火冒三丈，但以他的身份，自然不能和一个使臣多加计较，于是，蔺相如安然回到了赵国。

确实，“恶人自有恶人磨”，对耍无赖的敌人，放不下身段的君子往往束手无策，而豁出去脸皮的“小人”却往往能办成事。在完璧归赵的故事中，表面上看，蔺相如在秦王面前使用手段欺骗强秦：一骗秦王说璧有毛病，并以碎璧相要挟；再骗秦王戒斋五日，结果却还是没有让对方拿到璧。而实际上，蔺相如这种一而再、再而三的“无赖”手法正是因为有秦王的失信在前，不得已而为之，“无赖”的表象之下，是一种不畏强暴的大智大勇。

◎设身处地，投其所好◎

要想让别人心甘情愿地为自己所用，这绝非易事，在你来我往的社交场合上，往往需要你迅速准确地判断形势，作出有利的抉择，否则就是前功尽弃，这颇有些类似钓鱼。钓鱼的步骤是：下钩、守竿、收钩。有句话说得好，“你要想钓到鱼，就要像鱼那样思考”，你通彻了鱼的心理，了解了鱼的需求，悟到了鱼的目的、鱼的欲望、鱼的弱项，你就能投其所好，赢得“鱼”的好感，“鱼”这才肯于“上钩”了。

如果一个人有求于对方，那必定应该对他有足够的了解，比如他的家庭状况、兴趣爱好、性格特点、职业理想等，如果眼力够好，脑筋够灵活，还应该能看出那个人目前工作或生活中最关心的，最感兴趣的是什么，然后及时地作出调整，于是你们之间才有了良好的“钓”与“被钓”的合作关系。

有一个叫约瑟夫的推销员，任务是推销一种发电设备。这种设备价格比较昂贵，约瑟夫很久没有达到自己的销售目标了，但他毫不气馁，他觉得，自己只是没有找到一个合适的推销对象而已。

那天约瑟夫走到一家看来很富有的整洁的农舍前去叫门，约瑟夫看到农场里有个比较大型的养鸡场，按照常识，这样的养鸡场肯定需要用大量的电，约瑟夫于是把这家农场列入了重点客户目标。

但是，约瑟夫都去了两三回了，里面的农场主一听说是推销机械的，连门都不愿意开。约瑟夫锲而不舍地又去了，这次运气比较好，农场主老太太将门打开一条小缝。当她得知是电气公司的推销员之后，又想关门。约瑟夫赶紧声明：“太太，很对不起，打扰您了，我的造访并非为电气公司，只是要向您买一点儿鸡蛋。”

老太太的脸色好看了些，门也开得大多了。约瑟夫接着说：“我是听附近的很多邻居说，您家的鸡长得真好，看它们长得多精神。这些鸡大概是从南部运过来的吧！能不能让我买些鸡蛋呢？”老太太把门开得更大了，并反问：“您怎么知道是南部的鸡呢？”约瑟夫知道，投其所好之计已初见成效了，于是更加诚恳地说：“我老家就在南方，那里的养鸡场非常多，我从小吃南方的鸡蛋，已经习惯了，现在来到这里，我再也没吃过南方的鸡蛋了，我一听您鸡场里的鸡叫声，就知道，这肯定是正宗的南部鸡，夫人，您知道，做蛋糕得用好蛋。我太太今天要做蛋糕，我也想让她尝尝什么叫真正的鸡蛋……”老太太顿时眉开眼笑，高兴起来，马上把门打开来。

约瑟夫利用这短暂的时间瞄了一下四周的环境，嘴里不停地讲述着鸡品种的不同，下的蛋的区别，老太太越听越高兴，不厌其烦地带他参观鸡舍。

约瑟夫知道，他投其所好之计已渐入佳境了。他一边参观，一边向老太太介绍南部的养鸡经验，和老太太交流得很火热，他们变得很亲近，几乎无话不谈。约瑟夫告诉老太太，由于南部的阳光强烈，鸡种接受日照的时间强，所以长得普遍都比较健康，在冬季漫长的北部地区，就只能用照明来代替日照。老太太向约瑟夫请教了用电的好处，也听得很认真。

约瑟夫在老太太的鸡场买了两大篮鸡蛋回去了，两星期后，约瑟夫所在公司收到了老太太的订单，没过多久，老太太所在地申请购买此机械者源源不断。老太太已成为约瑟夫先生发展业务的热心帮手。

富兰克林有一句话："如果你想交一个朋友，就先帮他忙。"西方人相信："凡你所施予别人的，最终都会回到自己身上。"如果你是个只考虑自己利益，却不顾及对方需要什么的人，那么，即使你和对方之间暂时建立了合作关系，长此以往，也必定会吃亏。其实，给人面子并不难做，只要记住这一点：时时刻刻关注对方需要什么，他最关心什么，他想达到什么目的，找到成事的切入点。语气委婉一点儿，态度谦恭一点儿，做人谦虚一点，事实上只需要做到这一点，你就赢得了很多朋友，多了很多合作者，你做事的成功率比以前大了很多。

老子在《道德经》第 36 章中写道："将欲去之，必固举之；将欲夺之，必固予之。将欲灭之，必先学之。"主要意思是：想要夺取它，必须暂时给予它。我们想有所"取"，必先得有所"予"，由于"求"方与"助"方的关系不对等，使得语言表达的能力显得十分重要。不但要巧妙地表达出你的意图来，更重要的是表现出"我是真的为你着想"，有时候，高超的说话技巧会起到缓冲的作用，变被动为主动，给自己留下一个回旋余地。

齐国宰相田婴，因为齐宣王不喜欢他，于是他想在自己的封地薛地筑城，招兵买马，以备不测。这个举动很危险，很容易招齐宣王之忌，他周围的幕僚们纷纷劝阻。

田婴是个很独断专行的人，下令谁也不准来劝他，如果有人来见他，只要说起这件事，立刻就要被推出去砍了，决不宽恕。

于是，所有人都闭口了。但是，还有一个不怕死的人，请求只说三个字，如果多了一个字，他不麻烦田婴动手，立刻自己砍自己头。田婴觉得很有意思，请他进来。

田婴端坐在大厅上，让刀斧手做好砍头的准备，打算只要他多说一个字，就马上下手，这个人快步向前，对他施礼，然后说了三个字："海大鱼"，说完后，掉头就走。

田婴非常奇怪，把他叫回来，说道："你的话还没有说完，怎么就跑了。"

那人说："刀斧手就站在那里，我再多说一个字，要被砍头的，不敢拿生命开玩笑，不敢再说话了。"

田婴说："没关系，我准许你多说几句话，说吧！"

那人才说出了正题："您不知道海里的大鱼吗？渔网兜不住它，鱼钩也钩不住它，可一旦离开了水，来到陆地，则成了蚂蚁的口中之食。齐国对于您来说，就像水对鱼一样。您在齐国，如同鱼在水中，是最佳的安全之所，为什么还要到薛地去筑城？"

田婴听罢，深以为是，说："说得太好了。"

当局者迷，旁观者清，在很多时候，你不得不去说服对方，但是，对方因为种种原因，拒绝你的合理建议，如果你继续正面施加压力的话，非常有可能会"鱼死网破""玉石俱焚"。要想避免这种结局，最妙的方法莫过于站在对手的立场上，晓以利害，必须作出决断时，不但考虑到己方的情况，而且还能站在对方的立场上思考问题。

◎礼下于人，必能达成目的◎

俗话说“求人矮三分”，找人办事是有求于人，不管和对方关系如何亲近，别人或多或少都要拿你一把，因为你有求于他。你们之间至少在这个短时间内，地位上是不可能完全平等的，除非他给你办事的同时，你还能给他帮上忙，那你们之间在进行等价的“交换”。正因如此，人们一般不到万不得已是不愿求人的，“求人不如求己”“上山擒虎易，开口求人难”，说的就是这个道理。

要寻求别人的帮助，这其中首先就必须克服自身的“爱面子”的固有心理，放下身段，“厚着”脸皮，力求对方能给你必要的帮助，正如李宗吾先生所说：“起初的脸皮，好像一张纸，由分而寸，由尺而丈，就厚如城墙了。”并云：“世间学说，每每误人，唯有厚黑绝不误人。就是走到了山穷水尽，当乞丐的时候，讨口饭，也比别人多讨点。”

在我们周围，有太多看不清形势的人，每当这种人在找人帮忙时，没人愿意搭理他。比如，大家都有这样的经验，自己正在忙着工作呢，突然跑来一个刚进单位的愣头小伙子，拍着你的桌子来一句：“快，把你的什么借我用用。”这时候，肯定没多少人愿意借给他，脾气不好的，还要教训他几句。但是，如果他客客气气，堆着笑说：“大哥，麻烦你把东西借我用一下。”那大部分人都会同意了。

因此，在“求人”的时候，首先应该搞清谁是求方、谁是助方，这种求助关系搞清之后，再根据这种差别考虑用什么合适的方法和手段来打动他，这时候，你的一言一行，一举一动都要与自己的这种地位相吻合。若是还自以为高高在上，趾高气扬，那就等着碰钉子吧。

大家都知道刘备三请诸葛亮的故事。诸葛亮是一介布衣，而刘备虽然兵少将微，也算割据一方的小军阀，又被天子认作皇叔，其二者社会地位的尊卑是不言自明的。不过诸葛亮这时并不是刘备的属下，不用听他的差遣，而刘备听人说诸葛亮“每常自比管仲、乐毅”，欣喜若狂，极欲得之而后快。显而易见，刘备是在“求”的位置上，想让他“展吕望之大才，施子房之鸿略”，帮助自己成就大业。

然而，诸葛亮这种当世名士，自然不可以如常人般召之即来，于是，刘备三兄弟以最大的礼节前往隆中。可是诸葛亮并不把刘皇叔放在眼里，根本避而不见。

过了一段时间，当打听到诸葛亮外出已经回到家时，刘备当即决定二次前往。三兄弟顶着雪，冒着风，去请诸葛亮。不料，这一次又未见到，只好写了一封信托诸葛亮的弟弟转交，说明来意，并表示择日再访。

第二年春天，刘备更衣备马，第三次去拜访诸葛亮。这次正好诸葛亮在家午睡。刘备就站在门外静候，直到诸葛亮一觉睡醒才敢求见。

刘备不以原来的尊卑差别为念，放低身段，把自己摆在“求”的位置上，屈千乘之尊三顾茅庐，把“尊”的地位让给了诸葛亮，这是为人们所称道的，也是让诸葛亮深为感动、终其一生为他效力的主要原因。如果只讲两人的地位差别，像张飞所说那样：使人唤来，他如不来，我只用一条麻绳缚将来。那么刘备就得不到诸葛亮这一大贤，这一点是确然无疑的。

《史记·留侯世家》中也有类似的故事。张良少年时，一老者想要有所教于张良，张良不知他的来头，也没有放在心上，老者两次约见张良，张良都去晚了，因此遭到了老者的责怪。第三次约见时，张良再也不敢去晚了，提前就在约定地点等候老者到后，笑道："果然孺子可教。"于是就送给了张良一部《太公兵法》。当然，张良是个贵家公子，肯老老实实地在这里等那位老者，除了因为有一层求助关系外，还有一层"尊老"的意思。

人的"身段"是一种"自我认同"，这没有什么不对，但如果太看重这种"认同"了，也就变成了"自我限制"了，也就是说，这样的人常常会有这种想法："因为我是这种人，所以我不能去做那种事"，而优越感越强的人，自我限制也越厉害，所以，领导很少会耐心地倾听基层人员的意见，博士也不愿意从最底层的工作干起，知识分子也听不进去贩夫走卒对他们的批评……他们认为，如果那样做，就有损他的身份。其实这种"身段"只会让人路越走越窄，一直到后来，会让自己无路可走。狼是非常善于觅食的动物，它有着异常敏捷的身手，但是它在捕食时，并不轻易出击。它会夹着尾巴，伏下身来，紧盯着目标的一举一动，寻找最佳时机。

第一次世界大战时，美国一家机械公司有一台大型发电机不能正常运转了，公司里高薪聘请的几位工程技术人员都无能为力，董事长焦急万分。后来，他听从别人的建议，请来一位很傲慢但据说水平非常高超的德国籍工程师。这位工程师来到公司后，爬上爬下，在电机的各地方静听空转时的声音，不久，他用粉笔在电机的左边一个小长条地方画了两道杠杠，对大家说："毛病出在这儿，多了 16 圈线圈。"并指出了维修方法。技工照他的话去做了，电机果真奇迹般正常运转了。

工程师临走时，索要 1 万美元报酬，并对在场的人说："粉笔画一条线不值1美元，但知道该在哪里画线的技术超过9999美元。”董事长深知这个工程师是个难得的人才，他不仅愉快地付了1万美元酬金，而且表示愿用高薪相聘。谁知这位工程师不为所动，说他不可能见利忘义，背弃自己原来的公司。

于是，这位董事长毫不犹豫花巨资把这位工程师所在的公司整个买了下来，这位工程师在他的公司里发挥了巨大作用，成为业内的一段佳话。这位董事长深知，成大事者必以人为本，所以他也敢于厚起脸皮，放下“身段”留下他心目中的人才。

也许有人会说，我不放下身段，照样能让别人为我办事。话虽如此，但我们不应该看重眼前的利益，而要看到长远，因此，求人时“放下身段”比放不下身段的人在竞争上多了几个优势：能放下身段的人，他的思考富有高度的弹性，不会有刻板的观念，而能根据时势，作出合适的调整，这将是他的本钱。放下身段的人能比别人早一步抓到好机会，也能比别人抓到更多的机会；因为他没有身段的顾虑。

◎打好感情牌，瓦解对方防范之心◎

中国人被称作是最有“侠气”的民族，最忌的是恃强凌弱，而最喜欢做的事就是扶弱济贫。所以，在一些特殊的场合，如果你能够学会适度地示弱，在一定的条件下也不失为一种出奇制胜的赚取人心的策略。

一般人的潜意识里，总是同情和怜悯弱者，如果处于弱势境地的人需要帮助，那么人们往往容易答应对方的要求。美国心理学协会曾做过这样一个试验：让一名彪形大汉在拥堵的马路上横穿而过，结果愿意给他让路的车辆还不到一半，这样出车祸的概率就很高了；但是随后换作一个老弱病残的人横穿马路，却有很多人主动让路。

在这一点上，三国时期那个非常有名的、以“无能之能”得到蜀地的皇帝刘备给我们做了很好的示范：在刘备的政治生涯中，他有非常厉害的一招——“哭”！比如说，他在几个重要场合的“哭”，为他赢得了不少筹码。

例如，在张飞失徐州之时，刘备不责备他失城之过，反而握着他的手说出了“兄弟如手足，妻子如衣服”的话。本来刘备出身贫寒，好不容易有了徐州这块安身之地，又被张飞大意弄丢，心痛是难免的，但是，反正事情已无法挽回，还不如趁机再拉近和关张之间的关系。

还有一次，长坂坡大战，赵子龙从千军万马中抢回他的儿子，刘备却随手一掷，哭道：“为这个孺子，几乎折损我一员大将。”让赵子龙对他彻底死心塌地。

而最经典的一次，也是最后的一次哭就是在白帝城，临终托孤那一场。当时，刘备自知来日无多，担心以诸葛亮的才干和威望，要取刘家江山，易如反掌，如果自己死后，诸葛亮自立为帝，那他一生的奋斗还有什么意义？

于是他在诸葛亮和众人面前哭了个死去活来，并交代道：“我的儿子如果还值得辅佐的话，就辅他一程，如果不值得，你自己干脆自立为帝算了。”这样以退为进，来试探诸葛亮的态度。

而此情此景之下，诸葛亮唯有“以肝脑涂地，安能补报知遇之恩也。”这种以“哭”来保住江山的所谓“大英雄”手段，被刘皇叔运用得出神入化，让后人叹为观止。

在中国历史上，像刘备这样以“示弱”取胜的成功者还不在少数，他们个人的能力往往乏善可陈，但取得的功业却让很多豪杰望尘莫及。究其原因，便是他们能在关键时候利用人性的弱点，而达到自己的目的。

话说公元前265年，赵国幼主初立，秦国看到赵国国内局势不稳，于是落井下石，发兵猛攻。

赵国执政者赵太后向齐国求救。齐国一定要让赵太后的儿子长安君为人质，援兵才能派出。赵太后不肯答应，群臣推举左师触龙去说服赵太后。赵太后知道后怒气冲冲，只等触龙到了之后就开始骂人。

触龙慢慢地挪动着脚步，来到赵太后面前，先是谢罪说："老臣脚有毛病，很久没来看您了。总担心太后的贵体如何？"

太后舒了一口气，说道："我全靠坐辇走动。"

触龙问："您每天的饮食该不会减少吧？"

太后说："吃点稀粥罢了。"

……

面对盛怒的太后，触龙藏起自己的来意，不提长安君，甚至不谈秦军围赵的险恶局势，他把自己摆在一个普通老人的位置，先从家常话说起，缓和谈话气氛。

触龙道："我有个小儿子舒祺，年纪最小，不成才。臣子老了，偏偏爱怜他，希望能派他到侍卫队里凑个数，特意来请示您。"

太后说："一定同意您的，他年纪多大？"

回答说："十五岁了，以后还希望太后多看顾。"

太后笑了，道："原来男人也这么疼爱子女啊。"

见谈话的气氛融洽了些，触龙终于抛出了一句话："我私下认为，您疼爱燕后就超过了疼爱长安君。"

太后说："您错了！我最疼爱的还是长安君。"

触龙还是选择一个太后不设防的话题，于是他为少子舒祺向太后求取卫士之职，引起对谁更爱幼子的争论，最后评论太后对燕后和长安君的不同爱法。在太后浑然不觉中已讨论了如何怜爱长安君这一焦点问题。

触龙："父母疼爱子女，就得为他们考虑长远些。您送燕后出嫁的时候，哭泣不止，这是惦念并伤心她嫁到远方。她出嫁以后，思念万分，可您祭祀时，一定为她祷告说：'千万不要被赶回来啊。'难道这不是为她作长远打算，希望她生育子孙，一代一代地做国君吗？"

太后说："是这样。"

触龙："现在您把长安君的地位抬得很高，又给他土地和珍宝，却不趁现在这个时机让他为国立功，一旦您百年之后，长安君凭什么在赵国站住脚呢？我觉得您为长安君打算得太短了，因此我认为您疼爱他不如疼爱燕后。"

太后醒悟了，说："好吧，任凭您指派他吧。"

触龙借助上一阶段的燕后之爱这一正面例子，扩大战果，老太后，您对孩子怎么有偏有向呢？对燕后你却偏爱有加，为她的一生计划长远，但轮到长安君，怎么就不为他今后的安危着想了呢？不让长安君去做人质，表面上是为他想，实际上却是剥夺了赚资本的机会呀，有力地论证了爱子孙就要为之谋计深远的观点。这就使一直为触龙牵着走的太后自然接受了触龙的主张，没有退路，说服遂告成功。触龙的高明恐怕就在他使太后转变了态度以后还不认为自己有什么改变。

在交涉时，经常会有利益双方陷入僵局，无法进行理性层面的交流，这时候，很容易发生对立和冲突，使彼此之间的对话陷入僵持不下的境地，无法进行理性的沟通。这个时候，不妨先放下“正事”，从“感情”方面入手，谈谈对方的家庭、子女，有利于换个心情，瓦解对方的防范之心，待到关系融洽，或者找到更合适的策略之后，再回到这个话题上，效果就会好得多。

第九章 人在江湖，放低身段才能进步

◎忠诚比能力更重要◎

一位外国专家通过对成功人士群体的研究发现，在决定事业成功的诸多因素中，一个人的知识水平、能力大小占20%，技能占40%，态度也仅占到40%，而100%的忠诚是获得成功的最主要途径，是自我价值得以创造和实现的保证。

在现在的社会，取得成功的因素最重要的不是一个人的能力，而是优良的道德品质。社会是一个由个体和各种各样的组织共同构成的复杂系统，只有忠诚于他人、取得他人的信任，你才有立身社会的资本。个人的忠诚也许会让你失去一些眼前的机会，但从长远来看，你今后赢得的机会会比失去的机会多得多。除此之外，你还能赢得别人对你的尊重和敬佩。

霍建宁，有“打工皇帝”之称。按照香港一年约240个工作日计算，霍建宁平均每个工作日挣62万港元，完全可以用“日进斗金”来形容他的收入。在香港，人人都知道，霍建宁追随李嘉诚多年，是他的左臂右膀。

霍建宁为什么每年都能得到天文数字般的年薪呢？原因有很多，最重要的是忠诚。他把自己的聪明才智都用在一心一意替老板服务上，他本着“老板的利益就是自己的利益”的职业道德，一辈子只服务一个东家。多年来，霍建宁为李嘉诚出谋划策，创造利润，在捍卫企业荣誉的同时，也树立了自己的形象。

1979 年，霍建宁加入长江实业。他在金融财务方面经验丰富，颇有才干，工作稳重踏实，深得李嘉诚的信赖和栽培，因此一路晋升，1993 年登上和记黄埔总经理之位。和记黄埔是一家业务遍布全球的大型跨国企业，霍建宁接手后，通过不断重组，很快将业务扭亏为盈。为集团盈利超过 1600 亿港元，创造了全球商业界的一个神话。

如今，霍建宁已经过了职场生涯中的巅峰时刻，为长江实业服务的二十多年足以让人们给他烙上成功的印记，李嘉诚对他倚重有加，人们也对他肃然起敬。

人在屋檐下，总希望自己能得到更多的提升和发展，但每个老板的想法都是一样的，总希望自己的员工个个都是认真负责的、务实有责任心的。虽然，他会赏识你出众的才华，但他绝对反感你的投机取巧。一个人表现忠诚可以消除别人尤其是上司的戒心和疑虑，进而建立一种难得的信任关系。出于这种信任，一旦有发展的机会，老板一定会第一个想到你，给你锻炼的机会。

阿凯是个非常机灵的小伙子，在一家大公司供职，能说会道，才华横溢，所以很快被提拔为技术部经理。他信心百倍，觉得自己会有更好的前途。

有一天，阿凯和老板去谈判，对方一位负责人绕过老板，直接塞给他一张 10 万元的支票，来买他们公司的情报。阿凯考虑良久之后，接受了。

在谈判中，阿凯的公司损失很大，他却从中得到了实惠。但是，世上没有不透风的墙，公司后来查明真相，辞退了阿凯，还将阿凯的事告知业内同行。阿凯不但失去了工作，还留下一个不光彩的记录。阿凯懊悔不已，但为时已晚。

没有责任感的士兵不是合格的士兵，没有责任感的员工不是优秀的员工。一个连自己的责任都不清楚的人，谁都不会对你放心，更不可能让你承担起更多、更重要的责任。

你也许会说，我是自由职业者，我在家工作，就能挣到生活所需，没有老板，不需要和同事打交道。可别忘了，你还得和人交际，还得有客户，有朋友，有家人，你依然不能独自存在。而只有忠诚的人，周围的人才会信任你、承认你、接纳你。

西汉的萧何是汉高祖刘邦的重要谋臣，他曾向刘邦推荐了善于用兵打仗的韩信做大将军，使之为汉朝的建立立下很大功劳。当需要除掉韩信时，萧何又设计以庆贺平叛胜利为理由，骗韩信进宫。韩信一进宫，就被吕后以谋反罪名杀于长乐宫钟室。萧何设计诛杀韩信后，消息传到邯郸战场上的刘邦那里，刘邦非常高兴，封萧何五千户食邑，并派一个500 人的都尉组，给他当护卫队。

在外人看来，这是一件非常有面子的事，朝中大臣都到相国府向萧何祝贺，只有他手下的一个幕僚叫召平的，看出其中的不妥，专门来见萧何，并表示了他的担忧。萧何一向都非常尊重召平，经常到其府上去请教国事，因此对召平此举感到非常奇怪，便谦虚地请教他对这件事的看法。

召平说："这些奖赏看起来是福，实际上是祸啊，表示皇上已经对你起了疑心，是故意试探你的。"

萧何大吃一惊道："怎么会这样呢，我才为他除了心腹大患，他应该把我当自己人才是。"

召平说："您看看现在的情形，皇上现在在外领兵作战，您留守京城，是您比较危险，还是皇上比较危险？您在这儿又没有仗打，又没有大臣谋反，干吗用得上 500 人的卫队呢？这是由于淮阴侯造反刚被剿灭，皇上对您也不得不有防范之心呀！这些卫队不是用来保护您的，而是用来监督您的！”

萧何细想刘邦和吕后的为人，立即醒悟，便问道：“那我要怎么办才好呢?”

召平说：“最主要的是要把卫队给支走，您可立即向皇上表示，目前国家正是用人用财之际，您不但愿捐出加封的5000户，还打算变卖家产，以助军资，但愿皇上早日凯旋归来。”

萧何深以为然，于是依计而行。在前线的刘邦知道萧何的举动后非常高兴，放下了戒心，不但收回了5000户封邑，也撤除了相国的卫队。

古代君王对臣下猜忌是非常危险的事情，“忠诚”是每一位皇上最看重的品格，因此，即使你能力出众，也要在各种场合表现出自己的“忠诚”，不失时机、不择手段地向皇帝表示自己的忠心，以期自保。忠诚的人在人人都有嫌疑的事件中会最先被排除嫌疑，就是因为他的忠诚品格为他做了担保。

◎低调内敛，走好顺风路◎

职场的升迁之路通常不会是一帆风顺的。很多人，还在基层的时候兢兢业业，勤勤恳恳，和同事也相处融洽，一旦当上个小领导，立马就自信心、虚荣心膨胀，对同事的态度来了个大转变，尤其对以前和自己平辈论交的同僚们，摆起了架子，时刻流露出一副沾沾自喜、雄心万丈的样子。这样在不知不觉中，便给自己树立了不少敌人。水满则溢，月盈则亏，长此以往，没有不败的道理。

对于一个刚从学校毕业或刚进入公司的员工来说，拼命苦干，拿出成绩给上司看诚然重要，但是，上司们更看重的是这个人的人品如何。与“做事”同等重要的是做好自己的“人”，即边做人边做事，等到地位有所上升时，你做事的能力也已经被大多数人肯定了。总之，不管你是处在顺风时期还是逆风时期，“低调做人”是须臾不可忘的。

李顺和小唐同一批进入公司，两人私交不错，能力也差不多。但是，小唐的家境不错，父亲在当地一重要部门任领导，因此，小唐比李顺的职场之路要顺得多，没过几年，小唐被公司提升做了部门主管，成了李顺的上级，两人的关系平衡被打破了。小唐自己觉得地位上来了，平时对李顺就不像先前那样亲密了，时不时地以领导的身份安排李顺做这做那。一天，一个大型外资企业打算在他们所在的公司布置一条生产线，投资金额很大，为表示对这件事情的重视，公司特意组织了一场发布会，邀请了一些市里领导参加，由小唐的部门负责接待和筹备工作。小唐安排了李顺布置会场，结果，李顺因为一时疏忽，给市里领导安排座位时，居然少写了一个座位牌。后来李顺及时地补救过来了，并没有造成严重后果。但是，在当天的工作总结会上，小唐当着部门同事的面，对李顺进行了严厉批评，还说要把这件事情报告老总，扣掉李顺当月奖金。

李顺非常生气，忍不住反唇相讥：“你有什么了不起啊，不就是靠你老子的位置爬上来的吗，我要是有你这么个老爹，我肯定比你进步得还快。”

同事们本来就觉得小唐做得太过分了，对李顺的“反抗”，都觉得大快人心，不少人暗地里都有抵触情绪。后来，小唐开展工作就没那么顺利了，有几次都受到上级领导的批评，没过多久，公司高层觉得小唐并不适合领导职位，于是将他换到了另一个不太重要的部门。

升迁之事“牵一发而动全身”，在升职的过程中，看起来升职的人春风得意，实际上隐藏着无数看不见的激流，不仅要应付职责范围内的事情，还要应付身边的人。升职造成了巨大的人际变动，昔日的同事变成了下属，昔日的上司变成了同僚，自己该如何和他们打交道？升职以后，下属和上司都会不自觉地暗中观察你的一举一动，目光格外挑剔。若还是和以前一样拍肩亲热，显得自己没有威势了，但若是摆出“真把自己当领导”的样子，无疑又会引发嫉妒、猜疑。因此，如果升职之后不能迅速理顺新的关系网络，只怕官职难久。

升职之后，要学会“上通”，对上级负责，保持良好沟通；亦要学会“下达”，时刻了解同事们的心理需要，关心他们的工作和生活，对涉及大是大非的问题当断则断，对于一些鸡毛蒜皮的小事则应一笑了之。若能坦坦荡荡，谦虚待人，一定会度过这段艰难的“考验期”。

在晚清历史上，有一个炙手可热的政治人物，至今仍是“官场学”中的典范，他就是曾国藩。作为一个王朝的官吏，受到上至达官贵人下至平民百姓的钦佩和关注是有原因的。曾国藩在道德修养方面的功夫，堪称典范。最主要的就是他非常注重自己的人格修炼，在仕途上韬光养晦，故虽常立于险地而能不败。曾国藩是一个道德修为颇高的人，他对人际关系学的研究极为透彻，并且也做得很好。踏入仕途以来，一路从乡野平民走向二品大员，最后位极人臣，全身而退，可以想见他经过了多少惊涛骇浪，若是没有过人的心胸和涵养，万难走到这一步。真正的明白人会默默做事，让别人为自己扬名。表面看上去他们糊里糊涂地做事，其实内心明白如镜。

曾国藩为人很重视“朴实”，他在给手下的批文中非常明确地指出，要“除去官气，专务朴实”，进而总结说，“古人之有为者，不外乎此。即近日湖南诸贤，亦不外此”。他把“朴实”视为办大事、有作为的必备条件，含义是不张扬，言外之意是自己不要故意炫耀自己的功劳。

曾国藩在“低调内敛”这方面，确实做得很到家。他在湖南创办团练，镇压太平天国，为清政府立下了大功。但他每次上奏折都很谦虚，说自己为民请命，报效朝廷，做的是分内之事，从不提自己的功劳。每次打了胜仗，曾国藩从不邀功，都是众位大臣主动向皇上奏请，为他升官加爵。

曾国藩和同僚关系也处得极好，偶尔他留在京城里过春节时，都会把“拜年”当成一件大事。他拜年的顺序是先拜老师，再拜访湖南同乡，这其中不仅包括寓居京师的湖南籍官员，而且包括湖北籍的。然后便是他所谓的“同年”，这些都是他重要的社会关系和官场人脉。在这些关系中，他最看重的是“同年”，这也是他最重要的一部分官场资源。曾国藩认为，同学情谊在所有亲情之中是最宝贵的，这种感情纯朴而自然。因此，他对同年常常是有求必应，尽力而为。从曾国藩拜年的记载中，可以看出他对人际关系是非常重视的，把握得极有分寸。既有原则，又不失灵活性，的确让人佩服。

人生处在顺境和得意时，最容易得意忘形，滋生败象，乐极生悲。美国汽车大王福特曾说：“一个人如果自以为有了许多成就就止步不前，那么他的失败就在眼前了。”许多人在开始奋斗的时候，十分谨慎，一旦前途稍露光明后，便自鸣得意起来，于是失败立刻接踵而来。更有甚者，不仅因此失去了政治前途，还累及身家性命。唯有顺风顺水时，依然放下身段，谦虚谨慎，才能一帆风顺下去。

◎诚信为本，坦诚之人才有所靠◎

“诚信”就是诚实守信。诚信，乃做人之本。常言道：大道通财。为人处世有信用，在中国人的道德体系中，诚信是摆在第一位的。孔子说：“人而无信，不知其可也。”意思是说一个没有诚信的人，不知道他还能做成什么事。

信用是一种无形资本，需要你耐心地积累和细致地维护，在某种情况下，你甚至要放弃一些东西来维持你的“信用”。比如说，做生意时为保证信誉，不惜一切代价履行合同等。但是这种“吃亏”只是暂时的，从长远利益出发，你的良好信用记录会为你带来巨大的人气和赞誉，带给你的好处是不可限量的。

战国时，比较大的诸侯国只剩下七个，分别是：齐、楚、燕、韩、赵、魏、秦，史称“战国七雄”。

最初秦国是七个诸侯国中地理位置最偏、实力最弱的，年仅 21 岁的秦孝公非常有危机意识，他知道要想富强，必须寻求能人相助，于是，他向天下发布了求贤令，谁能帮助秦国强大起来，就赐给他土地和爵位。

秦孝公的求贤令，引来了很多能人异士，其中包括著名的改革家——公孙鞅，因为他封在商地，所以又叫商鞅。商鞅是法家学派的代表人物，主张大刀阔斧地进行改革，使秦国摆脱落后面貌，说得秦孝公心花怒放，两人大有相见恨晚之感。

秦孝公本人很支持商鞅在秦国实行变法，但改革涉及的利益纠纷太多，必须要取得从上到下的支持才行。获得了秦孝公支持的商鞅，并不急于颁布新法令，而是先到都城南门，选人最多的地方立了一根三丈高的木头杆子，并且贴出告示，声称谁能把这根木头扛到北门去，就赏他10两黄金。

不一会儿，城门口就聚了好多人。把木头从南门扛到北门太容易了，难道仅此就能得到10两黄金吗？没有人相信这是真的。商鞅知道老百姓不相信他下的命令，就把赏金提高到50两。可是赏金越高，大家就越觉得不合情理，依然无人愿意试一试。

围着看热闹的人越来越多，终于来了个不怕丢人的愣头青，他挽起衣袖，把木头扛起来就走，一直扛到北门。商鞅立刻传令赏给他50两黄金。这事传出后，一下子轰动了整个秦国，老百姓都知道了，这个叫商鞅的左庶长真是说到做到的。

商鞅知道时机成熟，于是颁布了变法的条文，和秦国的现行国策相比，变动非常大，但没有一个人怀疑这个法令的真实性。大家都知道商鞅是一个有“信”之人，所以令行禁止，效果非常好。

对现行制度的任何一次改革都不容易，它是对社会利益关系的调整，必然触及一部分人的利益，要想改革推行下去，取得成功，就必须赢得广大百姓的信任和支持，改革者本身也必须是具有权威的守信之人，能够说话算数，令行禁止。商鞅在推行改革的新法之前，首先解决了这个问题，树立自己说话算数、言行一致的形象，以取得百姓的信任。

一个言而无信的人，在社会上将会孤立无援、寸步难行，事业上也难以有好的起色，无法在事业上挪动半步。别人只有相信你，才会以真心实意的感情对待你，给你资金、资源和人脉；当觉得你极不可靠时，别人自然会自动远离你。一个“满嘴跑火车”的人，注定与任何财富无缘。

如果想要有所成就，一定要放下身段，把信用变成自己的习惯，坚持做到“无论做了什么承诺，一定要兑现它”，任何时候都不轻易毁掉信誉。即使是看来“无足轻重”的小事，也不要轻易夸下海口后而没有了下文。

1968 年，日本一家著名公司接受美国油料公司定制 300 万份餐具的合同，交货截止期限为同年的 8 月 1 日，交货地点在美国芝加哥。日本的这家公司组织几家工厂生产这批餐具，由于发生了意外情况，订单直到 7 月 27 日才完工交货。

现在的情况是，从东京海运到美国芝加哥路途遥远，8 月 1 日肯定无法交货，除非空运，而采取空运则会损失一大笔钱，这几个月基本等于白干。然而，在“利润”和“信用”之间，日本公司很快就作出了选择：租用航空公司的波音货运机，花费巨额的空运费将货物及时运抵芝加哥。

这次交易，日本方面的损失很大，但却赢得了美国油料公司的信任，在以后的几年内，美国油料公司不断向日本这家公司定制大量餐具，生意源源不断。

讲信用是一个想做大事的人不可缺少的品质，事实证明，讲诚信的人终究不会吃亏。美国著名政治家本杰明·富兰克林，曾经对一个青年人忠告说：“你要切记，信用能够使你在任何时候、任何场合聚集起朋友们用不着的大量金钱。借钱到了该还的时候，一个小时也不要耽误，否则一次失信，朋友的钱袋会永远向你关闭。”

在美国，有一位普通的家庭主妇凯瑟琳·克拉克，她开了一个家庭小面包店。她开店的原则是销售“最新鲜的食品”。这就是她非常朴实的“广告”。她每天在面包上注明生产日期，公开宣布决不卖超过三天的面包，若有人发现出售有超过三天的面包，当众奖励 100 美元，结果生意越来越兴隆。

有一年秋天，某地发生自然灾害，面包缺货，该店连日加班生产，然后将货送到灾区。因为路途遥远，有些面包运到目的地已经过了期限，运货员往往就按照该店的宗旨，就地销毁了。

一次，运货员运着一批面包出发，途中遇上了暴雨，耽误了几天，等到达地点的时候，面包已经过期了，但是，排队要买面包的人非常多。运货员恪守公司的规定，说什么也不答应，这引起了饥民的一致抗议。运货员无可奈何地说："我们店里严禁在任何情况下将过期的面包卖给顾客，违反者将被开除。"

这件事恰好被记者听到了，几天后，各大报纸纷纷报道此事，成为轰动一时的新闻，引起了无数人的称道。当经济恢复之后，凯瑟琳经营的面包店因为信誉好，大家十分信赖，营业额直线上升，销量不断增加，财源滚滚而来。

做买卖，只有以诚待人才能做大；干事业，只有以诚待人才能长盛不衰。在这里诚信不仅仅是一种良好的个人修养，也是一种优秀品格的外在表现，更是一种可以直接带来财富、转化为金钱的无价之宝。诚信做人是兴商之本、生财之道。我们千万不要只把诚信喊在口头上，要付诸实际行动上，讲信用者才有好机遇，讲信用者才能成大事。蒙牛乳业老总牛根生说过一句话："小胜靠智，大胜靠德。"这里的"德"就是做人做事讲信用的老传统。

◎赚钱之前先学会吃亏◎

吃亏是任何人都不愿意遇到的事，然而，人在江湖，要想一直不吃亏是不可能的。从一定意义上讲，与其计较吃不吃亏，倒不如眼光看长远些，发掘吃亏之后的机遇，不必总是纠结得与失、赔与赚，否则反而耽误了自己的正事。

晋商是中国古代商业史上很特殊的一个团体。晋商以精于算计出名，但同时，他们又表现出诚实大气、不怕吃亏的一面，他们严于律己，行商不欺诈，故人都愿意与之共事。

山西盂县商人张静轩说："经商交结务存吃亏心，酬酢务存退让心，日用务存节俭心，操持务存含忍心……前人之愚，断非后人智可及，忠厚留有余。"由于晋商讲究分寸，不做法外生意，以诚待人。与同业间往来关系良好，既保持平等竞争，又保持相互支持与关照。

例如有"天下第一乔"美称的乔家，对外债务的态度就极为宽松。有一家商店关门时，尚欠"乔老爷"1000 两银子，乔老爷对此一笑置之，就去那家店里拿了一把斧头，这就算作债务了结了。还有一家商号倒闭时尚欠乔老爷 5 万两银子，商号经理登门向乔老爷道歉，乔老爷只是安慰，并不追究欠债。

若仅从表面上看，乔家让借债人"听其自便"，这笔债务就此抹掉，绝对吃了不少亏，而实际上，这是为乔家做了一个大大的广告。商人重利，自古有之，而乔家却反其道而行之，广施仁德，这在当时传为美谈。乔家的信誉越传越广，越传越可信，从而财源也就滚滚而来。

对经商者来说，财富的追求，只是短期目标，而要想长期、稳定地获得利润，把生意越做越大，是建立在人格道德信用和商业信誉基础之上的。晋商深明其间道理，洁身自好，形成行业内的良好风尚。若有人不守此道，只知逐利，肯定为同行业所不齿，名声扫地。也正因为如此，明清晋商敬业心强，商业信誉卓著，事业发达，为世人刮目相看，就在于其深谙“先吃亏，再赚钱”之道。

一位著名的推销大师说过这样的话：“在人生的道路上，如果你没有耐心去等待成功的到来，那么，你只好用一生的耐心去面对失败。”生意场上尤其如此。有很多明智的商人，开业之后，准备好几年的现金流，先坚持三年不赚，然后再考虑获利。经商所获利之大小与经营者的“肚量”是成正比的，眼光越远，肚量越大，获利也越大。

胡雪岩就是非常擅长“放长线钓大鱼”的一个商人，他经商的秘诀是“因势取利”，这个“势”就是官势。胡雪岩还只是一个钱庄小伙计时，就“大方”地资助了王有龄进京跑官，因为他早看出了王有龄不是常人，必有发达的一天，这一着“险棋”果然收到了丰厚的回报。王有龄回到浙江当官之后，胡雪岩利用他的关系搭上官场的线，挪用库银，开设阜康钱庄，并投资了丝、茶等行业，生意做得风生水起。

王有龄去世之后，胡雪岩又“靠”上了左宗棠。当时左宗棠主持皖浙军务，与太平军作战，进抵杭州，军队缺粮严重，胡雪岩购买了大量粮食充作军粮，解了左宗棠的燃眉之急。此后，胡雪岩就成了左的“后勤部长”，被他视为心腹，“凡善后诸事，悉以委之”。在战争之后百业凋敝、民不聊生的情况下，军需民食等大计，都是胡雪岩为之筹划。西征时，骑兵缺乏战马，胡雪岩急令阜康钱庄挪用购置药材的款项垫支买马，并为左宗棠购买大量军火，在上海设转运局，并在沿途设转运站，将各种军需物资源源运至新疆，始终无一延误。人称“陕甘粮台”。胡雪岩先后追随左宗棠达二十余年。其间转兵输将，购置弹药，筹借洋款，拨运饷粮，无一不要胡雪岩经手。

左宗棠有多风光，胡雪岩也就有多风光。与左宗棠搭上关系后，钱庄广为吸收政府及军政人员存款。他利用这些存款大做丝、茶、药等生意，获利甚多。而且，阜康钱庄的实力大增，其分号有上海、杭州、宁波、汉口、北京等十余处。北京分号存款最多时达8000万两，存款者大多是豪门巨室。如光绪的叔父恭邸及刑部尚书文煜就有70万两存在阜康号。

急功近利是商人的通弊，而胡雪岩恰好没有这个毛病。相反，先吃些小亏，忍耐一时之难，获取一条不尽财富滚滚来的巨利之源，成为胡雪岩“放长线钓大鱼”的总体谋略。胡雪岩的眼光非常长远，耐性也非比常人。他打出一张牌，可以放置十年不动，一旦动用，必然雷霆万钧。当然，他这样做需要高瞻远瞩，放开胆量，一般人不敢如此。譬如修水库蓄水，修铁道运输。开头看起来成本大，回收慢，然而，由此而获得的利益却是稳固而长远的。

◎千里马也需要被伯乐发现◎

“世有伯乐，然后有千里马”。让无数怀才不遇的人感慨伯乐难寻，但是，“伯乐”并不像传说的那么难寻，在如今网络及各种媒体发展迅猛的时候，对身怀“绝才”的人来说，要想出名，早已不再是太难的事，相反，倒是有无数渴望发现“千里马”的“伯乐”们都在睁大眼睛，希望能发掘到优秀的人才，要不然，各种“选秀”节目怎么会这么火呢?

伯乐在哪里?放眼我们周围，到处都是，比如面试时的招聘官、顶头上司、大老板等。或者说，“伯乐”的范围其实还可以更宽，同事、客户甚至萍水相逢的人发现你的优点，褒奖你，点拨你，让你更上一层楼。感慨伯乐少的人，要么是本身能力有限，却总是怨天尤人，要么是自身能力超群，却总是放不下面子走到伯乐面前去主动推销自己。如果“千里马”不主动出击，吸引“伯乐”，那即使遇到N个伯乐，他们也会对你视而不见。

熟悉李白的人都知道，他是个“安能摧眉折腰事权贵”的主，可是，青年时候的李白，为了求人赏识，也曾经厚着脸皮向人推销自己，并留下了著名的《与韩荆州书》。

韩荆州是谁?即韩朝宗，时任荆州长史。担任左拾遗时，唐睿宗想要下令推广乞寒胡戏，韩朝宗劝阻皇帝。皇帝觉得他的意见很好，就封他为中上考。韩朝宗任官时喜欢提拔后进，曾经推荐崔宗之、严武与蒋沇等人于朝廷。李白抱负宏大，但他不欲经由进士、明经等常规考试进入仕途，而企图一朝蒙受帝王赏识，获得重用。作此文前，已多次上书和谒见地方长官，又曾入京谋求出路，未果。在荆州逗留时，特意上书韩荆州，希望能得到他的推荐。

就是这么一位“天子呼来不上船”的诗仙，也竟然会“拍马屁”呢。而且一旦拍起来，还能拍得恰到好处。文章开头借用天下谈士的话——“生不用封万户侯，但愿一识韩荆州”，非常巧妙地赞美韩朝宗谦恭下士，识拔人才。接着毛遂自荐，介绍自己的经历、才能和气节，突出显示了自己“虽长不满七尺，而心雄万丈”的气概和“日试万言，倚马可待”的自负。信的末尾还“谦虚”地说：“恐雕虫小技不合大人”，和李白平日诗中的飘逸形象，判若两人。

想来一个人再怎么自负有才华，也不能跟李白相比吧，李白尚要主动出击，寻找机会，何况普通大众呢？周围确实有很多“伯乐”，但不能被动地等，要放下身段，抓住时机，鼓起勇气，向“伯乐”示才。说到底，“伯乐”从何而来？其实就是我们亲手“培养”和“锻造”出来的。很多“千里马”被埋没的原因就是不愿“培养和锻造伯乐”，他们宁愿蒙着头埋头苦干，也不愿停下来跟“伯乐”聊聊自己。

韩非子说：“下智者用己之力，中智者使人之力，上智者借人之智。”能成大事的人，尊重他人的长处，巧妙地“借”他人的力量为我所用。当然，这里所说的“借”不是“靠”，不能依赖等待，而是小投入地以少胜多，以巧妙的手段换取胜利与成功。使自己期望的梦想凭借好风，直上青云。

26 岁就出山拜将的诸葛亮，亦是一个才华盖世的高人，但是，他绝非一个不问世事的隐士，而是志在图谋天下。在隐居隆中之时，诸葛亮结交的尽是当时名士，是荆襄一带的士族首领，影响力无与伦比。有众多的知名人士赞他：“卧龙凤雏，得一可安天下。”连曹操都听到了。

正在发愁得不到高人辅助的刘备就在等着这样的人才呢，但是，虽然刘备离诸葛亮很近，诸葛亮也经常自比为管仲、乐毅，但他肯定不会直接出马向刘备推销自己，而是巧妙地通过朋友之口，在刘备面前为自己传播名声。水镜先生对刘备谈到诸葛亮，刘备问，诸葛亮是否真的能比得上管仲乐毅，水镜先生笑道，还有两个人可以比，就是张良和姜子牙，喜得刘备心痒难熬，恨不得马上去把诸葛亮请来。其实这也是诸葛亮的一种变相推销，只是做得更巧妙些。

后来，刘备以极高的礼遇请来诸葛亮，言必听，计必从，对他们两人而言，是个皆大欢喜的结局。而诸葛亮若是一味读书、不擅交际的话，也难有如此的声名。

美国钢铁大王及成功学大师卡耐基经过长期研究得出结论说：“专业知识在一个人成功中的作用只占15%，而其余的85%则取决于人际关系。”一个人的人脉、交际、资源以及把握资源的水平和分寸，都能对他的事业产生至关重要的影响。除了加强自身的能力外，灵活处理人际关系，通过自身的努力主动发现身边可能成为你的伯乐的人，还应该适时地放下身段，向他证明你的能力。

◎孤军奋战，不如乘势而行◎

人人都知道“狐假虎威”这个成语，因为狐狸没有本事，所以假借老虎的威风来吓唬人。这并非是个贬义词，狐狸虽然是弱者，但借助老虎的威风，成功地吓退了百兽，也着实风光了一把。

古往今来，没有谁一生下来就大名鼎鼎，一出山就风光耀眼、一呼百应。当一个人初出茅庐、资本全无之时，与其从底层做起，不如找个省力的方法，为自己营造声势，给成功多点筹码，借强者之势成就自己。这样可以让你避免很多不必要的摸索与磕碰。

在国外，有一位出版商的仓库积压了一大批书卖不出去。情急之下，出版商想了一个方法，给首相寄了一本。然后，频频向他征求意见。

首相出于客气，回了一句：“这书很好。”出版商如获至宝，马上大打广告：“现有首相喜爱的书出售。”于是，出版商手头的书很快被抢购一空。

第二年，出版商又有一部分书积压了，于是，又给首相送去了一本，首相这次不上当了，于是回道："这书不好。"书商又大肆做宣传："现有首相讨厌的书出售。"人们出于好奇争相抢购，此书也在很短一段时间里全部被卖掉。

也许在目前，你并不处于优势，也没有可以借势的地方，但不要因为这样就放弃了自己的努力。机会不是从天上掉下来的，而是自己争取到的，与其孤军奋战，不如乘势而行，可以借用的就借用，没有可以借用的，就要尽量想办法制造机会，你的事业便会有转机，便会有提升。

佳玲是个初出茅庐的业务员，工作很勤恳，但业务量一直不高，前不久，部门主管安排她接触一个客户，可是，那个客户觉得佳玲年纪轻轻的，对业务又不太熟悉，一直谈得不大顺利。

佳玲把该做的工作都做了，就开始动别的脑筋了。她想起在刚进公司培训时，有一位人事部门的同事告诉她，公司里的一个副总是她的同乡，于是想到了利用这层关系。她把老家寄来的土特产准备了一份，鼓足勇气去找那位副总，向他陈述了自己的困难，请副总关照她这位老乡。

副总笑着说："小事一桩，那个客户和我很熟。"当场拿起电话打给那个客户，用调侃的语气说："老李，现在开始瞧不起人了，我们派给你的这个业务员虽然年轻，可是老总专门招来的，说不定还是下一个销售经理的人选呢。"

后来，业务谈得很顺利，客户终于接受了佳玲。这倒不是因为佳玲的业务能力突飞猛进了，而是客户觉得她能搬动"副总"出马说情，来头必然不小，而对她另眼相看。

荀子《劝学》说，"登高而呼，声非加疾也，而闻者彰"。意思是：登上高处呼喊的人，声音没有提高，而听的人听得更清楚，因为他站的地势高。一个人是否有实力不要紧，只要他有可以凭借的"势"，照样能干成一番大事业。

中国人的性格偏向于内敛，尤其是儒家，讲究的是“穷则独善其身，达则兼济天下”。认为某个人如果境遇不佳，就应该闭门修炼，让自己完善起来。等到处境好转了，再去实现自己的抱负。这样的观点现在看来恐怕不可取。如果某个人正处在人生的低谷，越窝在家里自怨自艾就越难以翻身，这时候他要做的，是积极想办法，给自己搭建“梯子”，创造机会。别因为自己出身贫寒，或者讷于交际，就觉得自己不好意思找别人帮忙了，可利用的资源到处都是，就看你会不会利用而已。

在西方，有一位心理学专家做过这样的测试：他让一个刚毕业没几天的心理专业大学生开了家心理诊所，有病人时，他就介绍自己是欧洲的著名心理学家，并曾经为英国王室服务。由于他面貌俊朗、气质上乘，来看病的人都相信了，而且到处给他做广告。

在此后的接触中，这位冒牌的“心理学家”一再展示了自己的博学和权威，来专门向他请教问题的人越来越多，对他的“理论”深信不疑。据统计，相信他的人达到就诊人数的2/3以上。

这就是权威效应在人际交往中的作用。你有没有能力、学识，都不重要，只要你能够借助权威的光环，就可以引起别人的兴趣，提升你在他们眼中的吸引力。反过来说，即使你聪明能干，学识渊博，也千万不要天真地认为自己什么都能做，什么都能做得很好。

在复杂的社会关系中，在各种社会关系构成的屏障面前，一个没有任何资历、背景的人，要在社会上干出一番事业是很难的。这时候，就要放低身段，想办法搭建到合适的梯子，如名人、亲戚、朋友、同学等，只有做一个善于“借”力之人，才能创造机会，才能凭风而上，实现自己的成功。

第十章 低下头来不是示弱，是韬光养晦

◎枪打出头鸟，君子应时而动◎

一代才女张爱玲曾说过一句让很多年轻人备受鼓舞的话：出名要趁早。张爱玲少年成名，风头正劲，这话原是说她自己的，却无意中误导了不少人。争取上进，赢得成功，这是每个人都想要的，并没有错。但是，如果你心理尚不成熟，缺乏自我调适的能力，却急于出头，反而会欲速不达，于内不利于自身的学习与积累，于外不利于争取别人的好感与信任，最终招致失败。

《庄子》里有一个寓言故事很能说明这个道理：吴国的国君有一次带着文武大臣们，乘船在长江中游的猕猴山一带游玩，远远地看到山上一群猕猴聚在一起戏耍，于是便登上猕猴山。正在玩得不亦乐乎的猕猴们看到山上突然多了许多陌生人，立即起了警惕之心，有个带头的猕猴呼哨一声，其他的猴子一哄而散，躲到森林与荆棘丛中去了。

这时，吴王见还有一只胆大的猕猴没有离去，它不但不躲避，反而在“客人”面前卖弄自己的本事，先在地上得意地旋转，跳起自编自演的舞蹈，旋转够了，又纵身到树上，一下子跳到这边，一下子跳到那边，攀援腾荡，显然是自恃技能出众，想在吴王面前卖弄灵巧。吴王脸上很挂不住，心想：难道我这个国君只做到这个份上吗？一只猴子居然在自己面前如此逞能？于是，吴王下令周围的武将们弯弓搭箭射它。结果，那猕猴本事太大了，居然从容又敏捷地把箭接住了。吴王这下气坏了，命令所有的武将一齐动手，乱箭齐发，猕猴无法脱逃，立即被射死了。

吴王这才出了一口气，回头对他身边的人说："这灵猴夸耀自己的聪明，倚仗自己的敏捷傲视本王，这才导致它丢了性命。"

"枪打出头鸟"，人也是如此。如果一个人认为自己本事过人，过于显示自己、炫耀自己的能力，迟早会被人"收拾"了。所以，明智的方法就是：不管自己多有本事，也要学会藏锋敛迹、装憨卖乖，千万不要把自己变成对方射击的"靶子"。

颍考叔是郑国颍谷的一个小官，后来，郑庄公任命颍考叔为大夫，和子都一起执掌兵权。子都和郑庄公同族，有着一身的好武艺，力大善射。公元前712年，郑庄公出兵讨伐许国，为壮气势，在校场阅兵时，让人树起一面大旗，旗杆高三丈三尺。分量甚重，并对众将官说："谁能手持这面大旗，绕着校场健步而行，我就拜他做先锋官，并赐他战车。"

颍考叔向来以勇武著称，他听到了，于是越众而出，不费力气就拿起大旗，还能将大旗挥舞得上下飞扬。观者尽皆骇然。庄公大喜曰："真虎臣也！当受此车为先锋。"

子都心里不服，指着颍考叔大喝道："你能舞旗，偏我不会舞？这车且留下！"颍考叔当然不让，一手把着旗杆，一手挟着车辕，飞也似的跑开了。子都是个小心眼，愤怒地说："此贼视我姬姓无人，我迟早会给他颜色看看。"郑庄公为平息两人争端，另赐战车给子都。

七月，郑国和齐国、鲁国联合攻打许国都城。颍考叔是先锋官，他将那面大旗挟在肋下，奋力一跳，登上了城头。子都看见颍考叔在他前面登上了城头，生恐又被他抢了风头，于是将一支暗箭从背后射向了颍考叔，正中后心。颍考叔大叫一声，跌落到城下，含恨而死。而在城下，子都偷偷地将弓箭藏起来，继续随军攻城。

后来，郑庄公攻下许国都城后，看到颍考叔是背后中箭而亡的，便怀疑是自己人下的黑手。而且，子都暗箭伤人后，终日惊惶，也觉懊悔，后来精神崩溃了。

老子说："果而勿矜，果而勿伐，果而勿骄，果而不得已，果而勿强。"真正的聪明人，大都不急于证明自己，他们会在年轻的时候保持谦虚踏实的作风，一方面处理好与他人、与社会的关系，一方面蓄积实力，等待时机，在条件成熟时厚积薄发，一鸣惊人。

人都生活在一定的社会网络中。为人处世时，要放下身段，谦虚待人，想到如何用恰当的方式发挥自己的优势，展示自己的才华，也要顾及别人的利益和感受，这样才能立于不败之地。

汉朝时，龚遂为郎中令，为人忠厚，刚正不阿，是一名能干的官吏，在朝中名声甚好。当时，渤海及其邻郡收成不好，百姓无家可归，盗贼铺天盖地，扰民甚多，而当地郡守无能，无法捉拿制服。汉宣帝想在朝中大臣中选拔善于治理的人，丞相御史说龚遂可以胜任，汉宣帝便派年已 70 岁的龚遂出任渤海太守。

龚遂临出发前，汉宣帝召见他。龚遂身边有个幕僚问他："如果皇上问你怎么治理渤海，你怎么回答呢?"龚遂老老实实地回答："食君之禄，为君分忧，我能说什么？自然是选拔人才，严格执法呀!"

幕僚摇头道："这可不行啊，人人都知道你有本事，但是，你这样老实不客气地将功劳归于自己，那把皇上放在什么位置呢？你是皇上提拔的，你要把功劳归于皇帝，说是皇上的天威，让四方的百姓受到了感化。"

汉宣帝接见龚遂，远远望见他老态龙钟，身材矮小，觉得跟传闻不相合，心里有点轻视他，问他："渤海郡政事荒废，我很担忧。你准备怎样平息那里的盗贼，为百姓解忧呢?"龚遂回答说："渤海郡地处海滨，地方偏僻，距京城很远，陛下的恩泽难及，百姓饥寒交迫，而官吏们只顾中饱私囊，所以使得您的温顺子民偷来兵器，在您的土地上玩玩罢了。您现在是想要我用武力征服他们呢，还是安抚他们、让他们聆听圣德呢?"

汉宣帝听了龚遂的应对，很高兴，就回答说："我既然选用了大家都认为贤良的人，就是想要安抚百姓。"

龚遂本想把自己治理渤海的经验说出来，但后来还是接受了幕僚的建议。龚遂前后做法的差异就在于，他开始的想法是彰显自己的功劳，而后来的做法是赞扬皇帝的威望。正是这"不出头，不冒头"的差异，让龚遂得到了汉宣帝的赏赐，有了更广阔的仕途。

古人说："木秀于林，风必摧之；堆出于岸，流必湍之；人高于众，众必非之。"树大招风，花香惹蝶。爱炫耀的人，肯定会遭别人妒忌；好大喜功者更易受别人排挤。面对周围复杂的环境，不要贸然出头，要懂得为未来考虑，只有能忍会让，不去抢着做出头鸟，才会任凭风水流转，我自岿然不动。

◎趋利避害，懂变通才有出路◎

一个成功者，或者说是一个渴望成功的人，都应该明白，成功得来不易，要放弃很多，才能达成目标，得到自己想要的东西。智者曰："两弊相衡取其轻，两利相权取其重。"人的本性趋利避害，但是，不如此，就不足以达成所愿。立身处世，当从大处着眼，小处着手，不计较功名利禄，不在乎气节清誉，洞察人情，深明世故，方能做到旷达自然，游刃有余。

明嘉靖三十一年，著名首辅大臣徐阶入阁，开始了他长达 17 年的内阁大学士任职，他当上大学士时，正是一代奸相严嵩权倾朝野的时候，大臣们对他敢怒不敢言。徐阶深知，自己要实现抱负，必须扳倒严嵩，然而，严嵩并不是好对付的，而且正得圣宠，若是与他硬抗，那是死路一条，只有把自己的意图深深掩藏起来，取得严嵩的信任，才有机会扳倒他。

徐阶上任后，采取与严嵩虚与委蛇的态度，基本上对他唯唯诺诺，偶尔也会在一些无关紧要的问题上提出自己的独特见解，既不会让严嵩起戒心，又向明世宗表明自己还是有一定原则的。因为，大臣们结党营私同样是明世宗的大忌。

有一年，万寿宫发生大火，明世宗想要重修万寿宫，先询问严嵩的意见。严嵩年纪大了，揣摩圣意不周，便请他暂时迁到南城离宫。殊不知，这恰好触中明世宗的忌讳，因为南城离宫乃是明英宗当太上皇时所居住的。

明世宗便转问徐阶，徐阶极力赞成重修，并亲自主持，用当年修三大殿剩余的木材，责成工部限期完成。明世宗大为满意，便让徐阶的儿子督建万寿宫，仅用三个多月时间便重建完成。因此一事，明世宗对严嵩产生不满，和徐阶走得更近。

严嵩当时已八十多岁，明世宗觉得他已老得不中用了，也不大会讨自己欢心了，于是开始疏远他。徐阶见形势有利，就暗中支持御史邹应龙上疏弹劾严嵩父子。但是，光凭他一人扳倒严嵩是不可能的，等到邹应龙的奏疏呈给皇上之后，徐阶又特地到严嵩府中去拜谒严嵩，令严嵩倍感贴心。

后来，明世宗因严嵩之子严世蕃作恶多端，将严嵩罢免回乡，严嵩离开后，徐阶料定他还有翻身的机会，仍是“书问不绝”。果然，事情并未结束，明世宗顾念严嵩侍奉自己20年，有意召回严嵩。徐阶得知严世蕃虽被流放，却根本没去那儿“报到”，反而在江西老家大兴土木，便指使大臣上章弹劾。

明世宗看罢大怒，立命将严世蕃捉拿进京拷问。审理此案的官员认为，要告倒这个严世蕃，最具杀伤力的是其巨额财产来源不明罪，以及设置冤狱罪这两项。徐阶不以为然，拿笔只列一条罪状，即严世蕃勾结倭寇，图谋造反。

果然不出他所料，上疏以后，皇上震怒，令三法司核实后奏闻。就这样，严世蕃终于被判斩首，严嵩被黜为民，严府被抄，人心大快。

当对方势力强大，自身实力弱小的时候，以卵击石无异于自取灭亡，最重要的是要沉得住气，不动声色地与对手周旋。这并非易事，深沉机变如张居正也会在年轻时按捺不住自己，非要和严蒿斗斗，得到的结果则是告病假回乡，三年后才重回政治中心。先与对手巧妙周旋，借以迷惑、麻痹敌人，然后再置其于死地，这才是机智做事之人。在与严嵩的较量中，徐阶选择了韬光养晦，保存实力，然后伺机而动，因此取得了最后的胜利。

趋利避害是人的一种本能，面临危机的时候，大部分人都会把自己的生命和财产放在首位。但是，人虽有这种本能，却并不是都有这种本事，任何一个人想下赢人生这盘“棋”，都不可能一帆风顺，必然要面临很多事关利害的抉择。何去何从，一定要细思量，要放下身段，先保存自己，再伺机对付敌人，这样才能在纷繁复杂的局势中找到正确的路。

汉朝时，惠帝病死，因新登基的小皇帝太过年幼，吕太后以太后身份临朝听政。为照顾自家人，她做的第一件事就是封诸吕为王。

某天，吕太后假惺惺地与满朝大臣商议这件事，丞相王陵坚决反对。王陵秉性质朴，好说直话，他怒气冲冲地启奏说："高祖昔日与大臣约有白马之盟，非刘氏封王要天下共击之！今日太后要封诸吕氏为王，违背盟约，这样断然不通！"

吕太后脸上非常挂不住，转而询问同是刘邦旧臣的陈平和周勃的意见。二人竟不约而同地回答说："这样也未尝不可。"

吕太后心中大为高兴，生怕别人再跳出来反对，赶忙拂袖退朝。

王陵非常愤怒，在走出宫门后，他去找陈平和周勃，质问他们为何赞同吕后的意见。

陈平好像早已料到王陵会这样问，他对王陵说："的确，今天面对太后据理力争，慷慨陈词，我们不如您。但日后安定社稷、保全刘家天下，您恐怕就不如我们了！"王陵瞠目结舌，不知何以应对，只好愤愤而去。过了几天，吕太后将王陵明升暗降，升做太傅，实际上是夺了王陵的相位。王陵愤怒之极，一气之下，便称病告老还乡。

而陈平受到吕太后重用，他日日饮乐，麻痹吕太后，吕太后不断听到有人对陈平的诋毁，心里暗暗得意，越发对陈平没有戒心，又是封王又是封侯，以表示恩宠。

然而，吕太后一死，早有预谋的陈平便与周勃共同策划，铲除吕氏势力，平定了诸吕叛乱。陈平和周勃拥立汉文帝刘恒，恢复了刘氏天下。

要办成大事从来不会一帆风顺，遇上的情况也各有不同，肯定会遇上很多自己不愿意面对的事情，因为现实往往就是这样，不是你想不想做的问题，而是你不得不这样做的问题。但是，人生岂能因小失大，作为一个具备长远眼光的人来说，要眼光长远，不唯小利唯大利，舍小利以求大利。趋利避害，懂变通，明世故，这也是一种韬略和智慧。

◎示弱图强，清醒中的苦心经营◎

我们从小所接受的教育往往是偏重于“不甘示弱”“勇往直前”，否则你就是人人得而笑之的懦夫。其实，勇敢坚强、百折不挠固然是一种美德，但“示弱”更是一门本事，而且是一门非常难学的本事。面对强大的对手，如果取胜的机会渺茫，却仍然愣头愣脑，一个劲猛冲，肯定会让自己陷入被动挨打的局面，给自己带来不必要的伤害甚至牺牲。如果适时示弱，可以避其锋芒，养精蓄锐，迷惑对手，然后选择时机，反戈一击，就能出奇制胜，可以成为最后的赢家。韩信能忍胯下之辱，遂成一代名将；越王勾践卧薪尝胆，才得以报仇复国。“示弱”并不是表示柔弱，而是图谋发展，为日后变强变大做准备。

冒顿单于是匈奴族中第一个具有雄才大略的军事家、统帅。冒顿登位后，正是东胡强盛时期，东胡听说此事，便派使者对冒顿说，想要他的一匹千里马。冒顿征求大臣们的意见，大臣们纷纷表示，千里马是国宝，不应给东胡。冒顿说：“一匹马算什么，邻国的情谊最重要。”于是把千里马送给东胡。

东胡认为冒顿年幼胆小，更加肆无忌惮了，安分了没两天，又提出想得到单于的一个阏氏。冒顿又问群臣，左右大臣愤怒地说：“东胡欺人太甚了，请您派兵攻打他们。”冒顿说：“算了，犯不着为一个女人和邻国闹矛盾。”于是便把一位自己宠爱的阏氏送给了东胡。

东胡得到单于阏氏后愈发骄横起来，打算扩张领土了，东胡和匈奴之间有一千多里的荒芜地区，无人居住。东胡派使者对冒顿说："两国之间，有块空地，空着也是空着，不如给我们算了。"冒顿再次询问大臣们的意见，大臣们认为冒顿肯定又要以邻国情谊为重。没想到他这一次大怒，说："土地是国家的根本，给什么都不能给土地。"把主张给东胡土地的大臣都杀了。

冒顿经过这几年的养精蓄锐，国力早已大增，于是发兵袭击东胡，下令全国士兵，有后退的皆斩。东胡早先轻视匈奴，并无防备，等到冒顿大军压境时，方才惊慌失措，终致大败。冒顿大败东胡之后，又接二连三地打胜仗，把之前被邻国占领的土地都抢了回来。这时的中原地区正是楚汉相争，征战不休，因此冒顿的势力得到了壮大，称雄于大漠南北。

以蛇吞象、以小胜大是弱者的普遍理想，然而，强大的对手自然有其难以战胜之处，如何凭借自己的力量战胜他们，以弱胜强，这才是博弈之道的精华所在。

老子曾经对弱和强的辩证关系作过这样一段精彩的论述："人之生也柔弱，其死也坚强。草木之生也柔弱，其死也枯槁。"人在活着的时候，身体很容易受到伤害，但死后身体就会变得十分僵硬。草木活着的时候枝叶是脆弱的，但死后枝叶就会变得干枯脆硬。由此他得出结论：坚强的必将走向死亡，而柔弱才是维持生存的方式。示弱是一种智慧，更是一种境界，是谋略过人的智者最赖以得胜的妙招。

李牧是战国时期赵国将领，与白起、王翦、廉颇一同被后人称为"战国四大名将"，长期驻守赵国北部边境，防御匈奴入侵。

当时有三个大国与匈奴交界，赵国的总体军事实力是比不上匈奴的。李牧和匈奴对峙数年，用兵十分谨慎，他在军中发布命令："发现匈奴军队前来袭击，要立刻退回营区，以自保为主，有胆敢出战的，处以斩刑。”

与此同时，李牧的警戒措施也很完善，匈奴每次入侵，总是立即收拢人马退入营垒坚守，从不出来迎战匈奴军队。匈奴人是强者为尊的民族，因此很看不起弱者。时间长了，赵国的官兵也认为自己的主将胆小怯战。李牧一方面善待士兵，一方面又约束队伍，轻易不出战，即便偶尔出战，也保存实力，负多胜少。

赵孝成王得知李牧在边境坚守不战的情况，非常焦急，派人催战，但李牧不为所动。赵孝成王非常生气，将李牧召回内地，另派他人接替其守卫北部边境。

李牧调走后，匈奴屡屡侵犯赵国北部边境，守卫边境的赵军出来交战，但是都无法取胜，人员损失很大。赵孝成王意识到李牧原来守卫边境方略的正确性，便请李牧复任原职。

李牧回到赵国北部边境军中，在数年之中，仍然像以前那样，对匈奴坚守不战。匈奴人更加认为李牧胆怯。边境的赵军官兵每天接受李牧的犒赏而无用武之地，都希望有作战的机会，求战之心日甚。

几番诱敌之后，匈奴单于提军南下，倾巢而出。李牧知道全歼匈奴的机会来了，于是假装失败，故意让匈奴捉走数千人。匈奴单于听到这个消息，就率领大批人马入侵赵国边境。李牧预先布下奇兵，用左右包抄的战法反击匈奴军队，大败匈奴。此后十多年，匈奴始终不敢接近赵国边境。

在其后几千年的军事史中，李牧的“坚守不出，以待敌弱”的战法被一次又一次地证明了正确性，无数脍炙人口的战役都是由这个战略思想衍生而来。示弱不是妥协，而是战胜困难的一种理智的忍让，示弱不是变弱，而是图强。强者向弱者示弱，可以放松对方警惕；弱者向强者示弱，可以积蓄力量渐渐变得强大。该示弱时就示弱，适时调整一下目标，改变一下思路，就能达到自己意想中的完美结局。

◎扮猪能吃虎，隐忍是一种策略◎

三十六计里有一计叫“扮猪吃虎”，原意是说猎人要捉老虎，先扮成一只猪猡，学猪叫，把老虎引出来，待走近时，出其不意，猝然向它袭击。这样的突然袭击，往往会使虎不死也带伤。

在人与人的斗争中，这个计谋的运用就更绝妙了，本身都是老虎一样的英雄人物，为求达到不可告人的目的，故意诈呆扮傻使对方上当，趁其不备，一举袭之。运用到实际的处世中，就是表面上极尽恭顺谦卑之能事，掩藏动机，把雄心壮志深深地藏在心底，让人不能觉察，去迷惑别人。古往今来，因善用此计大业者的事例不胜枚举。

且看汉末的大司徒王允智斗大奸相董卓时的表现，其奴颜婢膝之丑态，真可称“猪相十足”。东汉末年，董卓专权，他残忍凶暴，倒行逆施，更依仗义子吕布的勇猛，剪除异己，朝野震怖。王允认为董卓威势正盛，无法与之正面对抗，以一个朝臣之尊，竟然去巴结董卓的干儿子吕布，先送笔大礼，让吕布又惊又谢地说：“我只是相府的一员家将，司徒却是朝中大臣，您对我也太厚爱了。”

王允赶紧送上一顶高帽：“方今天下别无英雄，唯有将军耳，我不是敬你的身份，而是敬慕将军的过人之才。”这马屁拍得恰到好处，弄得吕布飘飘然起来。

待吕布来到他家时，他又将义女貂婵许其为妻。吕布大为感激。

王允再请董卓时，又毕恭毕敬地吹捧："允自幼颇习天文，夜观乾象，汉家气数已尽，太师功德若继承大统，正合天心人意。"喜得董卓心花怒放，说："若天命归我，司徒当为元勋。"

看王允这副谄佞相，确已到了"巧言令色"的地步，但在"求达目的，不择手段"的施计要求之下，迷惑敌人却做得十分到家。

于是，王允又取得了董卓的信任，在董卓登门的时候，如法炮制，以貂婵为美色，诱使董卓笑纳。

吕布一心等着迎娶貂婵，但王允那边始终没有动静。吕布等不及了，冲入王府想问个究竟，却被告知他的"新娘"已经被义父霸占了，气得他七窍生烟。

于是，王允巧借美女的力量，离间了董卓和吕布两人，吕布被激得大怒，将饭桌掀翻，并最终下定决心去杀董卓。

计议停当，王允便派人假传圣旨，说皇帝病愈后要把皇位让给太师。董卓信以为真，带着人马回到京城长安。

董卓乘车刚进宫门，王允正候在门口。此时的王允已恢复了"虎"的面目，大喊："武士何在?"埋伏着的卫士挺戟朝董卓刺去。董卓高声唤吕布救命，吕布应声从车后闪出身来。董卓以为吕布前来救驾，却不料吕布挺戟直刺他的喉头，送他上了西天。

所谓"扮猪"，即孙子所说的"藏于九地之下"，"吃虎"是"动于九天之上"。任何一场斗争，定要经过一段艰苦的历程。聪明人与对手较量时是不会直来直去的，尤其在实力相差悬殊的时候，如果是这样，对手会有防备，甚至自己反受其害。要想使别人能够钻进自己的局，一定要放下身段，安抚对方，使他人消除戒备。他们会在表面上恭顺谦卑，言听计从，麻痹对手，私下里却谋划布局，务必将对方置于死地，使对手在迷迷糊糊中着了"道"。这个局从头到尾都不能引起对方的怀疑，否则就前功尽弃，而且必须一击而中，不给对方存活的机会。

丁谓是历史上有名的奸相，他是寇准一手提拔的，可是一旦得势，就马上对寇准下手了。后来，他勾结真宗的刘皇后，兴风作浪，破坏真宗和太子之间的父子关系，搞得朝廷一片混乱。

丁谓一手遮天，威势赫赫，谁也不敢惹他。丁谓把仁宗孤立起来，不让他和其他的臣僚接近，文武百官只能在正式朝会时见到仁宗。凡是稍有头脑，不附和丁谓的执政大臣，丁谓一律给他扣上一个罪名，从朝中赶走，所以朝廷中对一切军国大事总是以丁谓的意志为转移。

参知政事王曾忠正刚直而又熟谙世故，很有政治斗争经验，虽身居副宰相之位，却整天装作迷迷糊糊的样子，在宰相丁谓面前唯唯诺诺，从不发表不同的意见，凡有事需见皇上，都邀丁谓一起去。日久天长，丁谓觉得王曾可靠，渐渐放松了对他的防备。王曾则在小心地等待着机会。

天不佑奸人，机会真给王曾等来了。真宗去世之后，要修建陵墓。当时督造陵墓的大臣因一时失察，擅自决定移动原已勘定的位置，他虽请示了丁谓并入奏了太后，并无大的过失，可是在新移的工地中遇到了麻烦，因地层情况复杂，陵墓勘察不当，将墓彻底作废。这样必然影响葬期，事非小可。

朝廷议论纷纷，太后当然要责问此事。丁谓也有间接责任，为塞众口，也请太后派人前往现场调查此事。王曾主动请求前去，丁谓一直把王曾当成自己人，当然立即同意。王曾前往调查之后，不到三天便返回都城，乘夜单独求见太后。

王曾对太后密奏道：“臣奉旨按视陵寝，确实已然全部报废。丁谓包藏祸心，故意导致陵墓损坏。”太后闻言大怒道：“先帝待他有恩，我待他也不薄，想不到竟如此昧尽天良。”立刻传人草诏，降丁谓为太子少保，分司西京。擢王曾同平章事，当上宰相。

王曾之所以得手，主要是他事先做好了铺垫，虑事周密，处事果断。正逢朝政错综复杂之时，他先博得丁谓的信任，对其小心逢迎，让他误以为是自己人，故放松了警惕。陵寝事出，他又主动前往，故丁谓不加防备，不派人监视。王曾深谋远虑，把握机会，深夜进宫，几句话扳倒了大红人丁谓。

很多君子败于小人之手，都是因为不会或不屑于使用小人手段。而小人不存在道德负担，所以不择手段，常常大获全胜。这是君子要汲取的教训。在实力强劲的对手面前，尽量把自己的锋芒敛蔽，“若愚”到像猪一样，表面上百依百顺，为使他对自己不起疑心，一旦到了时机成熟、有隙可乘之时，才给予致命一击，让对方难以翻身，这就是“扮猪吃虎”的妙处。

◎先礼后兵，麻痹对手的特殊战略◎

肯定会有不少人认为，中国人是谦谦君子，讲究礼仪之道，说话客客气气，遇事退让为先。实际上，中国人谦虚礼让是不假，但这个谦虚，是有条件的，例如，在某一种战略目的上的考虑，即是由于某种目的而作出的暂时的退让。这一点，从中国很常用的成语、典故中就可发觉，如：忍一时之气、先礼后兵、善恶有报、秋后算账……足以表明中国人的韬略之深：实力不济或时机不到的时候，先忍一口气，等到有朝一日敌弱我强，再重新翻出旧根，有仇的报仇，有怨的报怨。

宋与辽发生边境事端，双方派代表在代州边界谈判。但由于辽方一再设置障碍，宋方官员虽经常与肖禧通宵达旦谈判，却毫无进展。

为此，宋神宗忧心忡忡，最后决定派遣沈括与辽使肖禧谈判。沈括查阅了档案、典籍，发现对方的一个重要的破绽，即辽方两次所提边界前后不一，相差30里。他便亲自绘制了一张地图。

第二天，沈括携带地图到馆舍拜会辽使，面带微笑道："本人对边界情况略知一二。你们在照会中所提有争议地界，较原协议向前推进30里。不知你这番前来，是为解决边界争议，还是索取领土？"

肖禧毫无思想准备，故作镇静地表示对宋朝领土绝无要求。沈括从袖中取出地图，让对方仔细察看，对方确实找不出破绽来，只好无功而返。

沈括并未就此大意，出使辽国，继续进行领土谈判，并要求边境集结军队，做好"兵"的准备。辽方代表是手握实权的宰相杨益戒。杨益戒表示："辽、宋地界需要重新划定，免得又动干戈！"

沈括从容答道："宋、辽地界早有定议，我携带文书在此，请阁下过目。"随从人员将两国签订的文书摆到谈判桌上，文书中明文记载："黄嵬山以大山脚下为界。"

杨益戒无言以对。

经过几个回合的较量，沈括有问必答，无懈可击。杨益戒又听说宋朝正在边界集结军队作应战的准备，只好放弃逼索土地的要求，维持原协议所确定的边界，草草结束谈判。

沈括先以文书和地图为重要凭据，这是"礼"的一面。但是，外交谈判必须要有强大的国力作依靠，沈括一方面以"礼"服人，一方面陈兵边境，给对方造成了强大的心理压力，顺利地达成了谈判协议。

还有一个很著名的"退避三舍"的故事，是"先礼后兵"的另一种应用，可以说是将中国人以退为进的谈判心理发挥到极致了。

春秋时候，晋献公听信谗言，杀了世子申生，又派人捉拿申生的弟弟重耳。重耳听到消息，逃出了晋国，在外流浪了十几年。经过千辛万苦，重耳来到楚国。楚成王很看重重耳，认为其日后必有大作为，就以国宾之礼相迎，待他如上宾。

楚王并不是白白招待重耳的，这是一种政治投资，指望着重耳有一天登上王位，能够回报于他。某一天，楚王设宴招待重耳，两人饮酒叙话，气氛十分融洽。楚王问重耳："我这次帮助了你，如果你有朝一日重回晋国，该怎么报答我呢?"

重耳略一思索，说："美女侍从、珍宝丝绸，大王都不缺了，至于珍禽羽毛、象牙兽皮，更是楚地的土产，应有尽有，晋国哪有什么拿得出手的珍奇物品献给大王呢?"

楚王说："话不是这么说的，你或多或少要对我有些表示吧?"

重耳笑笑回答道："要是托您的福，我果真能回国当政的话，我愿意与贵国建立长期友好的关系。假如有一天万不得已，晋楚两国之间发生战争，我一定命令军队先退避三舍（一舍等于三十里，三舍，即九十里），如果还不能得到您的原谅，我就只好左手拿着马鞭和弓梢，右边挂着箭袋和弓套奉陪您交战。"

楚国的大臣听到这样的话，建议马上杀掉重耳，楚王却敬佩他的气量，没有听从。四年后，重耳真的回到晋国当了国君，就是历史上有名的晋文公。公元前633年，楚国和晋国的军队果然在战场上相遇。晋文公为了实现他许下的诺言，令晋军后退，避楚军锋芒，驻扎在城濮。

楚军见晋军不停后退，以为对方害怕了，马上开始追击。楚将子玉不顾楚成王告诫，率军冒进，晋军乘机诱敌深入，大破楚军。这是春秋战国时期著名的一场战役，史称"城濮之战"。

为争取政治和军事上的主动，晋文公实际上是假借前日之诺，避其锋芒，让楚军疏忽大意，再命晋军向后撤退九十里，既履行他在流亡楚国时“退避三舍”的承诺，又让楚军产生轻敌之意。楚国将军子玉求战心切，率军穷追不舍，致使楚军陷入孤军深入的不利境地，最终全面溃败。

毛泽东的《在中国共产党第七次全国代表大会上的口头报告》对此种心理和手段，论述得尤为精辟。他说，我们的方针：第一条，就是老子的哲学，叫作“不为天下先”，就是说，我们不打第一枪。第二条，就是《左传》上讲的“退避三舍”，你来，我们就向后转，开步走，走一舍是三十里，三舍是九十里，不过这也不一定，要看地方大小。我们讲退避三舍，就是你来了，我们让一下的意思。第三条，是《礼记》上讲的“礼尚往来”。往而不来，非礼也；来而不往，亦非礼也，就是说：“人不犯我，我不犯人；人若犯我，我必犯人。”

“不为天下先”的“不为”并非真的“不作为”，而是“不随意而为”。比如，你非要和我斗个你死我活，那好，我不先动手，等着你打；你要是打过来了，我不但不还手，还要退后几十里；如果你还是不罢休，还是要穷追猛打，那么，对不起了，你怎么打过来的，我就会怎么打回去。